개정판

부사관역할과 실무

NCO'S ROLE AND PRACTICE

정재극 저

도서출판 진영사

◘ 정재극

- 학군 28기 임관(예, 중령)
- 건국대학교 대학원 졸업(행정학 석사)
- 한남대학교 대학원 졸업(법학 박사)
- 육군본부 감찰실 감찰장교
- 수성대학교 군사학과 교수, 입학홍보처장
- (현) 연성대학교 군사학과, 경찰경호보안과 교수, 학과장

부사관 역할과 실무

정재극 저

2010년 2월 25일 초판 인쇄
2010년 2월 27일 초판 발행
2019년 1월 04일 개정판 발행
2023년 1월 04일 개정2판 발행

발행인: 박진영
발행처: 도서출판 진영사
인천광역시 부평구 주부토로 236 인천테크노밸리 U1 지식산업센터 B동 1507호
전화 : 032)505-4207
팩스 : 032)505-4206
E-mail : 0183734207@hanmail.net
신고번호 : 제2007-000001호(2007.01.19.)

ISBN 978-89-6541-586-2 93390
값 14,500원

머리말

북한이 핵폐기를 선언하고 미국과 협정을 체결했다고 한반도에 평화가 오는 것은 아니다. 이면에는 더욱 강력한 국방력이 뒷받침되어야 한다는 사실을 알아야 한다. 전쟁은 예고 없고 강력한 국방력 없이 평화가 보장되지 않기 때문이다. 유비무환은 백번강조해도 지나치지 않다는 교훈으로 국가안보에 대한 명확한 정립이 필요로 할 때이다.

평화로운 분위기가 만연한 현재에도 군은 필요하고 통일된 이후에는 신장된 국경선과 강대국을 맞대고 있어야 하는 현실을 고려하면 군은 더욱 발전되어야 할 분야이고 국방력의 비중은 증대될 수밖에 없다는 현실을 직시해야 한다.

군사과학기술의 발달은 무기체계의 발전과 전쟁목표, 전쟁수행개념방식 등에 영향을 미칠 것으로 예상되고 있다. 전면전과 국지전에 대한 위협은 미래에도 여전히 존재할 것이며, 첨단 과학기술의 발달과 세계화의 가속화로 인하여 국가 간, 지역 간 상호의존성이 심화되면 전문성을 가진 부사관의 역할이 증대될 것이다.

본 교재는 부사관과 재학 중인 학생들에게 부사관으로 알아야할 기본지식과 개념을 정립하기 위해 편찬되었다. 부사관의 계급과 직책에 대한 역할을 이해하고 현재 해야 할 임무수행에 직접 필요한 내용을 정리하였다.

제1장 대한민국 부사관, 제2장 참모직 부사관, 제3장 지휘관(자)부사관, 제4장 부사관 실무론, 제5장 부대관리와 군법, 인권, 제6장 군사보안, 제7장 병영생활, 그리고 참고적으로 알아야 할 내용을 8장 부록으로 엮어 개정 증보하게 되었다.

단축된 병 복무기간은 부사관 전문 인력에 의지할 수밖에 없는 환경으로 부사관 역할과 실무에 정통하여 군 발전에 기여하기를 기대하여 본다.

차 례

제7장 병영생활 127

제1장

대한민국 부사관

제1절 부사관 역사

제2절 부사관 역할과 능력

제1절 부사관 역사

1. 부사관 역사

부사관은 그 고유의 기능적 측면이 고려되어 고대로부터 군대조직의 필수요원으로 인정되어 왔다. 부사관의 기원은 고대 로마군대에서부터 시작된다. 로마의 명장 시저(Caesar)가 유럽을 평정하기 위해 게르만 지역에 위치한 갈리아 전쟁을 수행하면서, 장수와 병졸간의 중간 지휘계통을 확보하기 위한 수단으로 부사관 제도를 최초로 도입하게 된 것이 그 시초로서 로마군은 이들 부사관들, 즉 프린서펄리스(Principalis)는 '계급에 있어서 가장 중요한 것 또는 기초'라는 의미로서, 10명의 병사를 지휘하거나, 100~600명을 지휘하는 중대장을 보좌하는 행정 · 보급 업무를 담당하였다. 이들은 전장을 누비면서 병사들의 교육훈련과 사기 · 군기를 유지하였는데, 오늘날 준 · 부사관들 보다 더 큰 책임 · 권한을 가지고 있었으며, 장수들이 왕명과 군령에 의해 군대를 지휘한 반면, 이들은 주로 통솔에 바탕을 두고 병사를 지휘하였다.

그러나 로마의 몰락이후 중세 봉건시대까지는 부사관 제도가 사실상 자취를 감추게 되는데, 이는 기사(Knight) 신분의 출현으로 기사도 정신에 입각한 1대1 전투의 수행양상에 따라 부하나 중간 신분계층의 필요성이 없어졌기 때문이다. 이들 기사 때에 비해 다소 적은 땅을 받고, 그 대가로 공공근무나 병역의무를 수행하던 직위가 Sergeant였는데, 15세기 후반 프랑스 군에서 오늘날과 같은 Sergeant 계층을 사용하게 되자, 영국 왕실이 이를 도입하게 되면서 영연방 국가에 확산하게 되었다.

현재와 같은 초급 부사관인 Corporal 제도는 19세기 초 나폴레옹 군대에서 완성되었으며, 미 육군은 독립전쟁 당시 연합군 이었던 프랑스군의 군사직제와 함께 부사관 제도를 도입하여 오늘날에 이르고 있다.

2. 우리나라 부사관 변천사

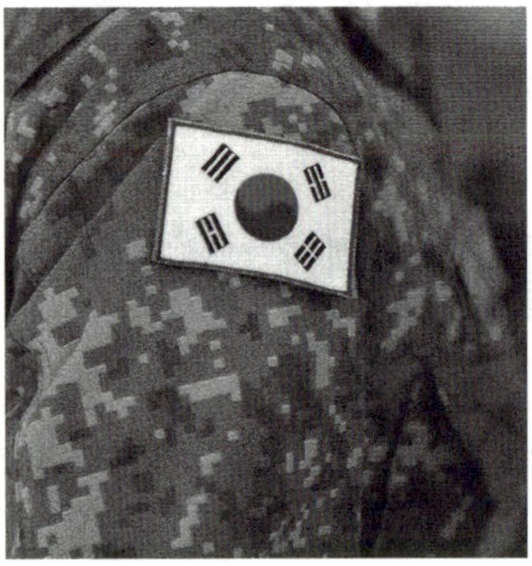
육군 부사관

대한민국 부사관의 역사는 조선시대 갑오경장 이후부터이다. 고려시대나 조선 전기까지는 장교와 부사관 구분 없이 19개 무관계급으로 운용되었다. 조선 후기시대에 이르러 1849년 고종 32년 칙령 제10호에 의해 참교(參校), 부교(副校), 정교(正校)의 3단계로 계급을 운용하였다. 1945년 2월 광복군 창설과 동시에 "참사, 부사, 정사, 특무정사"의 4개 계급명칭을 사용하였다.

1946년 1월 15일 남조선 국방경비대가 창설되었고 1946년 12월 1일 하사관계급 명칭을 하사, 이등중사, 이등상사, 일등상사, 특무상사 등 6계급으로 분류하여 사용하였고 1949년 1월 20일 병역 임시 조정령에 의해 하사, 중사, 상사, 특무상사의 4단계 계급체제로 3년간 복무하는 제도가 시행되었다.

1962년 1월 10일 군 인사법 개정으로 하사, 중사, 상사 3단계 계급 운영으로 4년간 의무복무하도록 하였다. 1967년 3월 1일 하사관 및 병 대표인 '주임상사' 제도를 제정하였고 1973년 7월 1일 '하사관단 운용방침'을 제정하여 연대급 이상부대 하사관단 편성, 주임상사 핵심활동지침을 제정하였다.

1980년 12월 4일 군인사법 개정에 의거 단기 4년, 장기 7년으로 구분하였고 정년을 50세로 연장하였다. 1989년 2월 1일 '주임상사 휘장운영'을 제정하였으며 동년 3월 22일에는 연령정년을 53세로 연장하였으며 계급구조도 '하사, 중사, 이등상사, 일등상사' 4단계로 구분하였다.

1994년 1월 1일 군 인사법 개정으로 이등상사는 상사, 일등상사는 원사로 계급명칭을 변경하였고 직책 명칭도 주임상사는 주임원사로 변경하였다. 특히, 연령 정년이 53세에서 55세로 연장되어 직업성 보장이 안정화 되었다.

1996년 10월 1일 과거 하사 계급장에서 장교와 같은 계급모양에 하사 계급장을 부착시킴으로써 자긍심 고취와 위상이 제고 되었으며, 2001년 3월 27일 군인사법 개정에 의해 하사관을 부사관으로 신분 명칭을 56년 만에 개정하였다. 이는 장교에 버금(副)간다는 뜻으로, 과거 장교의 아래라는 잘못된 인식의 이미지를 개선하고 무기체계의 과학화, 기술 집약된 군 구조, 장교와 동반자적 관계로 정립한다는 내용이 포함되어 있다.

부사관 계급의 변천사

구 분	변천사
조선시대 중기	부사용(副司勇 또는 司勇/하사), 부사맹(副司猛 또는 副猛/중사), 부사정(副司正 또는 副正/상사)
조선시대 후기	종9품(展力副尉/하사), 정9품(效力副尉/중사), 종8품(信承副尉), 정8품(承義副尉/원사)
대한제국(1894)	參校(하사), 副校(중사), 正校(상사)
광복군(1907~1946)	참사(하사), 부사(중사), 정사(상사), 특무정사(원사)
국군창설(1946~1962)	일등중사, 이등상사, 일등상사, 특무상사
1962~1970	하사, 중사, 상사
1971~1988	하사, 중사, 상사, 주임상사(직책)
1989~1993	하사, 중사, 이등상사, 일등상사
1994~	하사, 중사, 상사, 원사

제2절 부사관 역할과 능력

1. 부사관 역할

한 나라의 흥망성쇠를 좌우하는 요소 중 군사력은 통상 유형전투력과 무형전투력으로 구분되어 진다. 이중 유형전투력의 핵심이 인력의 정예화라 할 수 있고 인력의 정예화는 곧 초급간부의 주력인 부사관의 정예화라 할 수 있다.

우리나라 군은 인력 구성 면에서 "장교, 부사관, 병"으로 구분되어 진다. 장교는 다시 "지휘관(자), 참모"로 나누어지며, 부사관은 "참모, 지휘자"로 구분되어 주로 말단 관리자의 역할을 수행하고 있다. 즉, 지휘관은 지도하고 참모는 계획하고 부사관은 운용하고 병은 행동하는 조직체인 것이다. 따라서 부사관은 실제 장비를 조작하고 운용할 뿐만 아니라 병을 지휘 또는 지도하면서 담당부분의 업무를 집행하는 중간 관리 층 내지 하급관리자로서 확고한 위치를 점유하고 있다.

부사관의 임무는 "부대원의 안위문제, 부대환경, 병 기본훈련, 부대의 전통유지등과 같은 규범적이고 일상적인 업무와 장비를 정비, 유지하고 운용하는데 기술적으로 지도 · 감독 · 통제 또는 직접 조작하는 기술적인 기능을 수행해 나가는 것이다."라고 정의되어 진다.

부사관의 역할은 직책에 따라 임무가 다양하게 나타나지만, 일반적으로 인식되어 지는 역할은 4가지로 분류해 볼 수 있다.

첫째 초급간부로서의 역할이다. 부사관은 부대 주요 사안의 일부에 대해서 판단하고 결정할 수 있는 권한이 제한적이지만 가지고 있으며 동시에 그에 상응하는 책임을 져야 하는 군 조직 유지의 주체자로서 장교와 병의 교량적 역할이 아니라 장교와 역할을 달리하는 독자적인 기능을 수행하는 수평적 관계로서 직업군인이다.

부사관은 병을 직접지휘, 통솔 감독하는 말단 지휘자이며 장교 유고 시 대리 역할을 하게 된다. 또한 전시에 초급장교가 부족할 때 소요를 위해 부사관이 현지 임관되는 것은 과거 전례에서 많이 볼 수 있고 제 1차 세계대전 이후 독일은 군비제한으로 인한 군 정예화 방안으로 전 부사관을 장교의 자질을 갖추게 한 사실로 보아 초급장교와 부사관의 중요성은 같다고 보아야

할 것이다.

부대임무 수행상의 과오를 최소화하고 성과를 극대화 하는 데는 바로 부사관이 장교 보조역할 얼마나 성실히 수행해 주느냐에 달려 있다. 즉 부사관은 초급장교에 비하여 다년간 야전지식 및 부대근무를 통한 산 경험을 갖고 있기 때문에 이 일은 부사관에게 부여된 당연한 임무이며, 역할로 인식된다.

둘째 부대의 전통 계승자로서 역할이다. 장교와 부사관 그리고 병을 비교하여 어느 한 부대의 복무기간을 따져 볼 때 누구보다도 부사관이 장기적으로 근무하고 있음을 알 수 있다. 그러므로 부사관은 부대의 근간이며 고정요원으로서 부대의 전통과 뿌리를 유지, 계승하고 있다.

장교는 다양한 경력관리를 필요로 하는 반면 부사관은 한 분야에 집중하여 직무 분야에 집중하여 직무분야에 대한 전문가가 되며 부대의 전통을 유지하고 지켜왔음은 물론 수시로 전입되는 병사들을 지도하고 훈련시켜 그 부대의 기본 전투력을 유지시키고, 새로 부임되는 장교들을 보좌하여 적시 적절하게 조언하는데 있다. 또한 지휘를 원활하게 할 수 있게 하여 부대단결의 핵심적인 역할을 수행한다.

셋째 군 전투력 유지의 핵심역할이다. 장차전의 전투형태가 소부대 위주의 동시다발전투로 전개될 것으로 예상된다고 볼 때, 부사관이 전투의 주역을 담당하게 되는 것은 자연스러운 귀결일 것이다.

부사관은 군에 장기간 복무하면서 얻은 경험, 특히 전투경험을 통하여 병을 교육하고 지도하며 병들의 임무 및 기능에 대한 전문가로서 군의 전투력에 미치는 영향은 지대한 것이다. 즉 전투력의 기본이 되는 군의 기본자세는 내무생활을 통하여 교육되고 훈련되며 지도됨으로써 형성되기 때문에 병사들은 어떤 지도자로부터 어떠한 내용과 방법으로 지도를 받고 내무생활을 하여 왔는가가 군인으로서의 기본자세 확립에 중요한 역할을 하게 되는 것이다.

넷째 부대의 '어머니'로서의 역할이다. 병사들의 "전투혼"을 하나로 묶어 승리를 창출하는 관리자로서의 부사관은 곧 병사들을 선도하는 군대 가정의 어머니 역할인 것이다. 병영의 최일선에서 병사들과 함께 고뇌하며 동시에 엄정하면서도 열정적으로 보살펴주는 부사관들의 정성이 있기에 부대는 굳건하게 결집될 수 있는 것이다.

2. 부사관의 책임과 요구되는 능력

책임은 직책에 따라 수반되며, 따라서 이 책임은 간부로서 반드시 수행해야 하는 의무이기도 하다. 일반적으로 부사관은 소부대 전투의 직접적인 지휘를 담당하는 주역으로서 병 훈련을 전담하는 소부대 훈련의 핵심간부로서 병영생활에 활력을 직접 제공해야만 하는 책임과 능력을 가지고 있어야 하며, 이를 구체적으로 명시하면 다음과 같다[1)]

첫째, 소부대 전투 지휘자의 능력이다. 지휘관의 작전개념과 부대의 작전 계획을 이해하고, 급속한 상황변화 속에서 부대를 효과적으로 이끄는 지휘능력을 구비해야 한다. 각개 병사의 전투준비태세를 유지하고 부대의 전투장비 및 물자를 관리하며 소대급 이하의 전투지휘와 전투근무지원 활동으로 병사의 전투능력이 최대한 발휘 되도록 한다.

둘째, 정보전, 과학전 등 미래전을 수행하기 위한 첨단무기와 장비를 운용 · 유지하는 책임과 운용병을 교육하고 지도할 수 있는 능력이 필요하다.

셋째, 풍부한 경험과 전문성을 겸비한 병교육의 전문 교관으로서 개인훈련을 계획 · 준비 · 실시 · 평가하고, 주특기를 완성시켜 병사들의 임무수행 능력을 향상시킨다.

넷째, 규정 및 방침과 지휘관의 지침을 조정통제 한다. 부대 일상 업무와 병 및 부사관의 인사관리를 전담하고, 병의 상담 · 신상파악 및 선도 · 기본권보장 · 상벌권 시행 등을 통해 내무생활을 지도 및 감독하며, 부대의 장비 · 시설 · 보급품을 관리하고 군기, 안전지도 및 감독 등 부대관리를 담당한다.

다섯째, 부대의 공동목표 달성을 위해 지휘관(장교)에게 전문능력과 경험을 바탕으로 조언함으로써 지휘관(장교)이 건전한 판단 및 조치를 하는데 기여한다.

여섯째, 부대의 역사와 전통을 바탕으로 부대정신과 소속감 및 전우애를 고취시킴으로써 지휘관 중심의 부대단결 및 부대전통 계승과 발전을 도모한다. 또한, 부사관은 "정통해야 따른다."는 기본인식 하에 자기직무에 최고의 전문가가 되어야 한다. 부사관의 역할을 성공적으로 수행함으로써 책임을 다하여야 하는데, 이를 위해 계급별로 요구되는 능력은 다음과 같다.

하사는 분대장, 포반장, 조종수, 기술병과 운용, 정비관 수행능력을 병 기본 및 주특기 지도능력과 병의 내무생활 지도능력을 요구한다.

중사는 부소대장, 반장, 전차장 대대급 참모부 업무담당관 수행능력 그리고 병 기본 및 주특기 교관능력, 소대급 행정 및 보급 관리 능력과 대대급 참모업무 수행능력을 요구한다.

상사는 소대장, 교관, 행정보급관, 연대급 참모부 업무담당관과 병 교육 지도능력, 중대급 행정 보급관, 연대급 참모부 업무수행능력을 요구한다.

원사는 행정보급관, 신교대 중대장, 사단 참모부 업무담당관, 주임원사, 부사관단 관리능력, 사단급 참모부 업무수행능력을 요구한다.

---

1) 정명복, '우수부사관 획득을 위한 부사관 발전방향', 영남이공대, pp.13-14

제2장

참모직 부사관

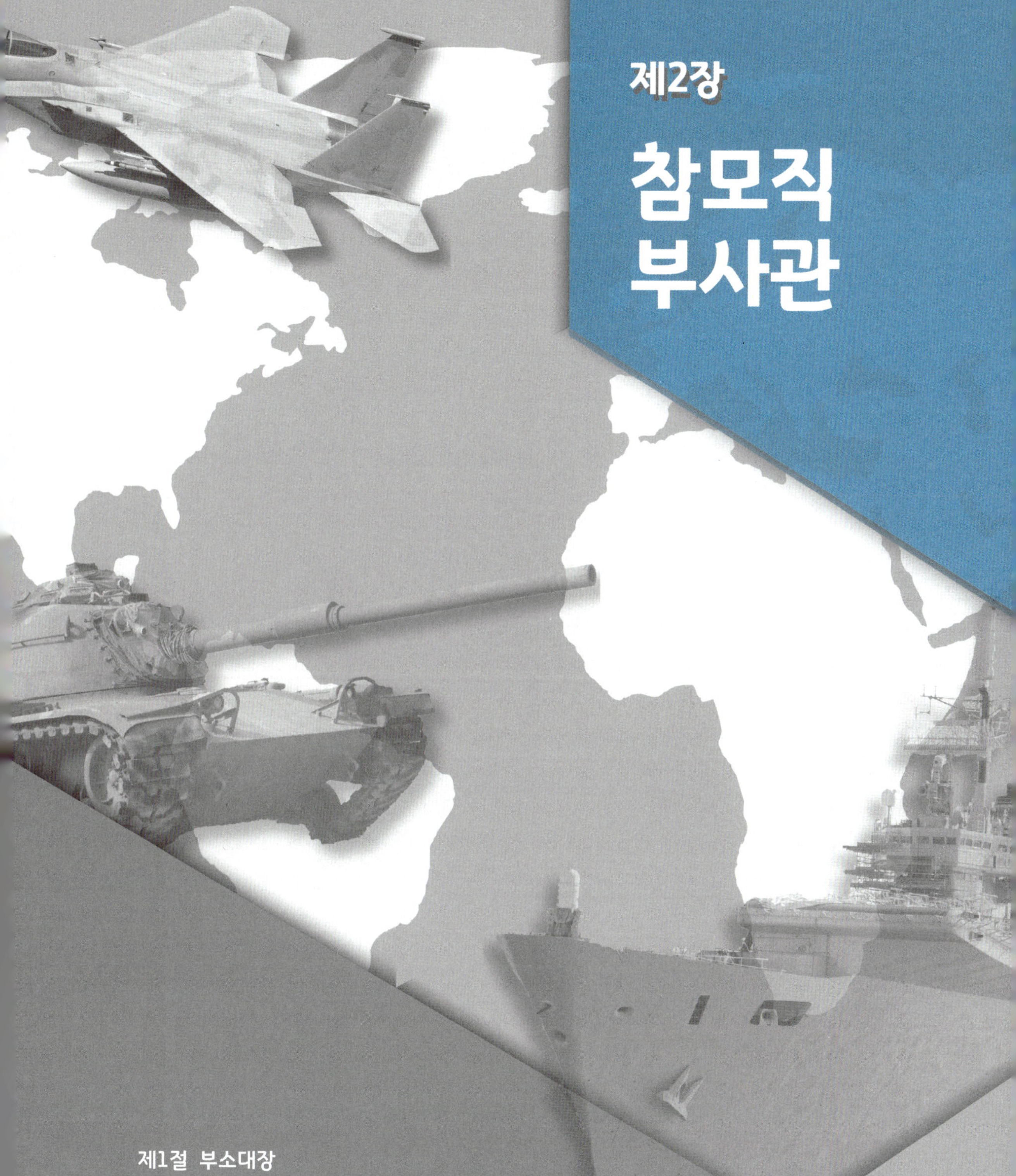

제1절 부소대장

1. 개요

부소대장은 소대장의 지시를 받아 근무하고 소대장을 보좌하며 소대장 유고시 대리임무를 수행한다. 병 인사관리 업무(보직, 진급, 포상, 징계, 외출 및 외박)를 소대장 승인 후 중대 행정보급관에게 건의하며, 병 기본과제 및 주특기교육을 전담하고 중대 행정보급관의 지시를 받아 소대관리업무를 전담한다.

또한, 소대원의 애로사항을 파악하여 소대장에게 보고 및 행정보급관에게 건의하고 분대장 지도와 각종 장비, 보급품을 사용 가능한 상태로 유지하는 임무를 수행한다.

부소대장의 복무자세로서는 자신의 직무에 정통하고 소부대 전투기술 교관능력을 향상시키고 부하에게 정성을 다하는 근무자세를 행동으로 실천하는 것이다.

2. 역할과 책임

2.1. 소대장 보좌

병 신상과 관련하여 특이사항과 병력의 특성을 고려하여 보직을 건의하고 소대의 사기와 군기를 확립하며 전투준비태세 수준을 유지하고 장비와 화기, 탄약현황과 상태를 확인한다. 또한 소대 계획수립 시 참여하며 각종 훈련사례와 지형 및 기상을 활용할 줄 알아야 한다.

2.2. 병 인사관리

전입 신병보직 부여안을 소대장승인 후 중대에 건의하고 모범병 진급 및 포상인원을 선정하여 소대장승인 후 중대에 건의한다. 병 진급과 징계위원회 심사위원 임무와 소대원의 각종휴가(청원, 위로, 외출, 외박)인원을 파악, 선정하여 소대장 승인 후 중대에 건의한다.

2.2.1. 보호, 관심병사 관리

주요 관심병사 대상자 선정은 결손가정 출신(고아, 조부모, 편부 및 편모슬하 성장 등), 정상적인 교육미필(검정고시, 야간학교, 정학 및 퇴학 경험자 증), 친구가 없고 입대 전 직업관계에서 일정치 않거나 유흥업소 근무자, 이성관계로 고민 중인 병사, 고질적인 질병 보유 병사(관절염, 디스크, 사시 등), 운동권에 소속된 병사 등을 주요 관심병사로 분류한다.

분류 시기는 전입 시 가족분석과 면담결과를 바탕으로 관심이 필요한 경우와 참모장교와 병의 간접 면담결과 관심이 필요한 병사이다. 또한 휴가, 외출과 외박 후 면담 결과 이상이 발견 시와 기타 후송복귀 등 주요 신상변동으로 관심을 요하는 경우이다.

보호관심 병사구분은 첫째 기본관리 대상자로는 문제발생 소지가 없는 인원으로 예하간부를 활용하여 주기적 면담과 확인을 한다. 둘째 중점관리대상은 취약요인을 가진 병사로 충동적, 우발적 행동이 예측된 인원으로 지휘관심을 가져야 하고 가용조직을 활용하여 관찰과 면담을 병행하면서 분·소대장이 1일 1회 이상 면담을 하여야 한다. 셋째 특별 관리대상은 문제발생 유경험자 및 특별한 관심과 지도를 요하는 인원으로 1:1식 밀착지도와 담당간부를 임명하여 관리하고 상급 지휘관에게 보고하고 의견을 수렴하여 관리한다.

관심병사의 예상되는 사고를 예측하고 예방활동을 하는 방법으로는 첫째 개인문제 파악이다. 개인 신상이나 가정사정, 진로와 이성문제, 교우와 건강상태를 확인한다. 둘째 장병 상호간의 문제이다. 폭행과 금전거출, 인격모독과 의사소통부재, 소외현상과 부당행위, 계급과 부대전통에 따른 비공식적 조직관계 등을 확인한다. 셋째 부대의 구조적인 문제이다.

시설과 복지, 보급품 불출상태와 기본권 보장, 근무여건과 교육훈련, 급식상태를 확인하여야 한다.

2.2.2. 복무 부적응 병사의 행동특성

병영생활 간 말이 없이 생활하고 혼자 있기를 좋아하며 매사에 의욕이 없고 업무를 회피하며 싫증을 느낀다. 자신의 심리상태를 글로 표현하며 흥미를 상실하고 자신감이 없으며 행동이나 표정이 밝지 않고 항상 우울하다. 식사를 잘 안 하거나 의욕 없이 식사하고 폭언과 과격행동을 하는 등 이성을 상실한 비정상적인 행동을 한다. 또한 타인과 대화를 두려워하고 기피하며 모든 부대활동이 소극적이고 폭이 좁다.

자살징후자의 행동특성은 자살과 죽음에 대한 의사를 표시하고 행동의 변화가 나타난다. 특히 아끼던 물건을 양도하고 상실감이 지속되며 말로 위협하는 행동을 한다.

2.2.3. 구타, 가혹행위 발생 시 조치사항

구타, 가혹행위 사고가 발생 시 즉각 지휘계통으로 보고(은닉, 묵인, 축소, 은폐 시는 강력한 처벌)하고 구타자와 피해자는 반드시 당일 보초근무에서 제외시킨다. 이는 우발행동의 가능성을 차단하기 위해서이다.

사고의 원인과 후속조치결과에 대해 중대원 정신교육을 실시하고 구타자 처벌 시 피해자 보호를 고려하여 구타자가 보복할 수 없도록 전출 또는 보직 변경하고 규정에 의해 처리하는 자세가 필요하다.

2.2.4. 동성애자 발견 시 착안사항

지속적으로 설문조사를 실시하며 관련 병사는 비밀을 보장하면서 면담을 실시하고 근무초소와 보일러실, 창고와 테니스장 등 취약지역에 대해 불시순찰을 강화한다. 취침 시에는 한 침구류에서 동침하면 의심하고 군의관 통제 하에 주기적 신체검사를 통해 피해여부를 확인한다.

2.2.5. 신바람 나는 병영생활 조성 착안사항

부대환경 조성과 정자와 휴게실 등 휴식공간을 마련하고 내무실을 안방화하여 아늑하고 포근한 분위기를 조성한다. 목욕탕과 세면장, 샤워장과 이발소, 정비실 등 시설개선과 세탁기, 탈수기 등 편의품을 확보하여 활용할 수 있는 환경을 조성한다.

구충과 구서, 방역과 순회 진료, 주기적인 신체검사와 위생 점검을 실시하고 다양한 체육기구를 확보하고 시설을 관리하며 간부 동참 하 전원이 참석하는 단체경기를 장려한다.

2.3. 교육훈련

병 기본훈련 중 지정된 과제와 과목을 측정식 합격제를 적용하여 훈련하고 훈련측정 결과를 개인생활지도 기록부에 기록을 유지한다. 훈련 및 평가지침서를 활용하여 분대단위 훈련을 실시, 평가하고 담당과목에 대한 교보재 준비와 교장을 확인 하는 등 교육준비를 하여야 한다.

소대장이 지정한 분대 지휘와 특정 임무를 수행하고 조교 운영계획 수립과 임무 수행능력을 확인 하여야 하고 소대원 개인임무카드 숙지와 수행능력을 지도한다. 훈련 간 안전대책 강구와 군기를 유지하고 훈련 후 사후 강평을 실시 또는 참석하며 훈련결과를 유지 보완한다.

2.3.1. 교육훈련

전술훈련 전에는 반드시 지형정찰을 실시하여 안전위해요소를 제거하고 전술훈련 간 필수요원을 안전통제 요원으로 임명하여 활용한다. 항시 통신 및 연락대책을 유지하고 대민피해에 따른 위험예지훈련을 강구하며 활성교탄과 전투장비는 일일점검을 실시한다.

전장정리는 훈련의 기본요소임을 명심하고 안전팀과 순찰조를 적극 편성하여 운용하며 소외된 병력을 확인하고 훈련 후에는 반드시 강평을 실시하여 미비점을 보완 한다.

2.3.2. 행군 간 안전사고 예방조치사항

행군로 사전 답사 후 교차로, 철길건널목, 위험한 도로, 절벽, 댐 등 위험지역 통과 시에는 통제병을 배치하고 행군 간 요령과 휴식 간 주의사항, 인원과 장비관리요령을 교육한다.

행군과 휴식 간에는 교통 통제병을 선두와 후미에 안전조끼와 형광 "X" 반도, 야간 경광봉을 휴대하고 이동차량에 대해 서행경고와 운행차량과 충돌예방을 위해 휴대장비의 과다한 외부노출을 방지한다.

위험요소 발견 시에는 개인과 제대별로 전파하고 휴식 간 도로를 이용하거나 도로 쪽으로 발을 뻗는 행위는 금지시키고 출발 시에는 인원과 장비를 직접 확인한다.

2.3.3. 수류탄 훈련 간 유의사항

수류탄 투척 훈련 전 교장의 안전성을 점검하고 수류탄 처치공의 이물질을 제거해야 우발상황 발생 시 사용할 수 있다. 훈련 전에는 발생 가능한 안전사고에 대한 위험예지훈련을 실시하고 각개병사가 오른손 또는 왼손을 사용하는지 파악하여 투척자세와 파지요령을 사전 철저히 교육한다.

우발상황 발생 시 행동요령을 숙달 시킨 후 투척훈련을 실시하고 연습용 수류탄을 이용하여 투척요령을 완전히 숙달한 후 실 투척훈련을 실시하며 자신감이 결여된 병사에게는 1:1식 교육을 실시하고 통제한다.

안전핀을 제거한 후에는 반드시 투척해야 함을 교육하고 왼손 투척자, 자신감 결여자는 별도 구분하여 연습탄으로 충분히 연습한 후에 수류탄을 투척하도록 교육한다.

불발탄 발생 시에는 즉시 위험표시와 경계를 하고 해당지역 탄약 처리반에 위치와 탄종, 수량과 상태를 신고한다. 탄약 처리반 출동 시에는 불발 및 유기탄 발생 지역으로 안내하고 처리반장 요구내로 안전조치에 협조한다. 병사들에게 폭발물 처리 전문요원이 아닌 어떠한 사람도 불발탄은 만지거나 이동시키지 않도록 교육해야 한다.

2.3.4. 개인화기 사격 간 주의사항

탄약수령은 반드시 간부에 의해 실시하고 낱발 실셈 확인은 현장에서 병기관 입회하에 실시한다. 사격통제 시 탄약관리 간부를 임명하고 수시로 잔탄을 확인하고 사로별, 사선별 통제관을 임명 후 사격을 통제하면서 탄피 방출방향을 주시하고 사격여부를 확인하며 안전검사는 책임감 있는 간부로 운용하고 현장에서 잔탄 및 탄피를 실셈 확인하여 이상 유무를 파악한다.

사격 간 분실된 탄피는 예상지역을 선정하여 정밀수색하고 탄피 방출이 예상되는 지역은 필요인원 외에 출입을 통제하고 찾을 때까지 수색한다.

2.4. 부대관리

2.4.1. 전투준비태세 유지

전투준비태세 유지를 위해 병사들의 주특기를 고려하여 소대를 편성하고 화기와 물자, 장비 가동상태를 세트화, 패키지화하여야 하며 수리부속확인과 준비, 군장검사를 실시한다.

물자분류 시에는 조 편성과 임무숙지상태를 확인하고 지정된 전투준비 임무를 수행한다. 미흡분야 발견 시에는 개인임무카드에 보완, 수정하여 다음 훈련에 반영하여야 한다.

2.4.2. 소대 분임 물품 운용관

보급품을 수령 및 불출할 때 할당된 소모품의 수령과 지급상태를 확인하고 휴가, 출장, 입실 등의 인원 변동에 대한 보급품 반납 상태를 확인한다. 소대 보급품과 장비의 현황을 파악하여 정비품과 망실품에 대해 조치를 건의 한다.

소대 막사 시설보수 소요를 건의하고 정비하며 소화기, 방화기구 관리와 정비를 건의한다. 전기, 난방, 급수시설 관리상태 점검과 보수를 건의하고 소대 시설물 안전점검과 부대 울타리, 경계시설물을 점검한다.

총기관리는 최선의 상태로 관리, 유지하고 즉각 사용이 가능하도록 해야 하고, 전입자에 대한 병기지급은 반드시 수여식을 거쳐 지급되어야 한다.

또한 개인에게 지급된 병기는 소유자의 명찰을 부착하고 총기 취급 시 주의사항을 인지시켜 소중히 다룰 수 있도록 해야 한다.

2.4.3. 사기와 복지, 개인 위생관리

전입신병 100일 지도와 소대원의 사기, 단결 증진을 위한 활동을 하여야 하며, 소대원의 종파별 신자를 파악하여 종교 활동 여건이 보장되는지 확인하여야 한다. 또한 소대원의 내무생활 임무분담제도 이행실태와 군인기본자세에 대해서는 지도, 감독하여야 한다.

소대원에 대한 위생상태를 점검하고 부대의 재활용품 분리수거와 폐품처리에 대해 지도, 감독한다. 훈련 간 발생할 수 있는 온열 손상사고는 3가지로 분류할 수 있다. 첫째 일사병은 온열 손상 중 가장 흔한 형태이다.

원인은 고온에서 염분과 수분의 적절한 보충 없이 격렬한 육체노동으로 인해 탈수 및 혈액량 감소로 순환장애를 일으켜 발생한다. 증상으로는 전신피로와 현기증, 떨림 등의 증세가 있으며 심하면 의식을 잃기도 한다. 또한 맥박이 빨라지고 혈압이 떨어지나 체온의 변화는 크게 없다.

치료 시에는 환자를 시원하고 그늘진 장소로 옮겨 등을 대고 눕히고 발을 높게 하며 피복은 느슨하게 풀어준다. 물을 뿌려 주거나 부채 등으로 몸이 빨리 식게 하고 식염수나 설탕물을 마시게 하거나 필요시 수액주사 또는 후송치료를 하도록 조치해야 한다.

둘째 열경련은 온열손상 중 가장 경미한 상태이다.

원인은 30℃ 이상 고온에서 수분만을 보충하여 염분 등의 전해질 부족으로 발생하며 훈련도중 보다는 훈련 후 수 시간 이내에 발생한다. 증상은 다리근육의 통증과 경련, 마비, 구토, 현기증 등이 발생하고 고온으로 인한 야간 수면장애가 발생한다. 치료 시에는 환자를 시원에 그늘로 옮기고 목이나 허리 주위의 옷은 느슨하게 하고 전투화 또는 신발을 풀어 헐겁게 하여 열 경련이 진정될 때까지 쉬게 한다.

셋째 열사병은 온열손상 중 가장 치명적인 상태이다.

원인은 고온 다습한 환경에서 지나친 활동으로 체내 축적 혹은 체온 조절기능의 장애로 발생한다. 증상은 체온이 41℃ 이상 올라가고 두통과 현기증, 귀울림과 졸음, 혼수상태와 정신착란을 일으킨다. 피부는 땀이 나지 않아 건조하고 복사열이 강한 연병장과 해변가에서 신체 허약자들한테 많이 발생한다.

치료 시에는 환자를 그늘진 장소로 옮기고 옷을 벗기거나 느슨하게 하고 환자의 몸을 차가운 물을 뿌리고 부채질을 하면서 팔다리를 주무른다. 환자가 의식이 없거나 희미할 경우 후송될 때 까지 기도 유지와 인공호흡을 실시한다. 가능한 빨리 후송하고 후송이 늦어질 경우 정맥주사 조치를 한다.

제2절 훈련 부사관

1. 개요

학교와 신병교육대 교관, 중대장, 구대장 임무를 수행하고 훈련 전문가의 역할을 하면서 투철한 군인정신 함양, 군인 기본자세 확립, 기초 전투기술 숙달하는 군인 화 교육을 담당한다.

훈련 부사관의 복무자세는 훈련전문가로 자긍심과 긍정적이고 적극적인 사고를 견지하고 지속적인 연구와 교수기술을 개발하며 교육목표는 반드시 달성하겠다는 확고한 책임의식과 사명감을 가지고 매사에 솔선수범하여야 한다.

2. 역할과 책임

2.1. 입영

입영은 정확한 병력인수를 위해 명령지와 병적기록카드를 대조 확인하고 규격에 맞는 보급품 지급과 지급기준 수 확인에 중점을 두고 실시하며 세부내용은 부대 내규에 반영하여 실시한다.

인도인접시에는 먼저 연병장에 중대별 간판설치와 안내요원을 배치하고 보충대 호송관으로부터 병력인수와 초도 보급품을 확인한다. 개인별 명령지와 병적기록카드를 접수하면서 생년월일과 본적, 성명, 소속대를 확인하고 총원명부를 작성한다.

휴대품을 확인하고 규격 조정이 필요한 경우 1차는 편성인원 내에서 자체조정하고 2차는 신병교육대 또는 입소대대 내에서 교환하며 3차는 사단과 훈련소에서 교환한다.

입소당일에는 군의관에 의해 신검을 실시하여 정신질환자, 디스크, 심장병, 천식, 간질 환자를 파악하고 마약, 대마초, 마리화나, 엑스터시 등 향정신성 의약품 복용자도 선별하고 기타 군복무에 영향을 줄 것 같은 과거 질병이력을 확인한다.

부대편성 시에는 인수한 병력을 신장 건제순으로 정렬하고 소대별로 인원을 분류한다. 소대장 통제 하 분대까지 편성하고 개인이 중 · 소 · 분대명칭을 숙지할 수 있도록 반복, 주지시킨다.

병기수여식은 병기의 중요성과 애착심을 고취시켜 지급된 병기를 자기 몸과 같이 관리하고 손질하는데 목적이 있으며 수여 요령은 엄숙한 분위기와 식순에 의하여 거행하고 중대 전 교육요원과 피교육생이 집결된 가운데 수령자로 하여금 선서문을 제창하도록 한다.

2.2. 개인 보급품 지급과 활용

보급품 진열방법에는 품목별, 사이즈별로 BOX 단위로 진열하고 보급품 수령 후 관물정돈과 환복의 역순으로 진행한다. 보급품 불출은 중대행정보급관과 분대장 1명을 보급품 불출 장소에 배치하여 운용과 통제하며 훈련병 개인이 뷔페식으로 보급품을 수령한다.

2.3. 동화교육(훈육분대장의 역할)

교육대에서는 중·소대장과 분대장 5명 등이 규정된 복장과 장비를 휴대하고 병력인수와 보급품을 불출한다. 이후 통제와 교육을 실시한다. 통제요령은 오와 열을 정확히 맞추게 하여야 하며 뒤로 번호 시에는 크고 패기 있는 목소리로 실시토록 교육하고 질문에 답변 외에는 말을 하지 않도록 정숙을 유지하고 답변은 크고 패기 있게 하도록 교육한다. 앉아있는 동안에는 허리를 곧게 세우고 양 팔꿈치는 자연스럽게 굽히고 먹는 양 무릎 위에 가볍게 올려놓은 가운데 움직이지 않도록 하고 복장착용 요령을 간략히 교육하여 이동전 단정한 복장이 되도록 한다.

교육사항은 관등성명 복창요령, 예를 들어 '예! 00번 훈련병 000'을 교육시키고 차려, 쉬어 기본개념을 교육한다. 전투복 상·하와 전투화 결속요령을 교육하고 이동 간 큰 걸음, 바른걸음, 군가가창, 번호 붙여가 등 인솔군기를 확립한다.

훈육분대장 임명 시기는 중대 일일명령으로 정·부를 임명하고 교대주기는 지휘관 판단 하에 2~3개 기수 임무수행 후 교대하거나 훈육분대장 "부"와 교대 시에는 1주일 합동근무 후 인수인계를 하고 교대한다.

근무시간은 평일 학과출장 복귀 후부터 익일 학과 출장 집합 시까지 이고 토요일은 교육종료 후부터 익일 09:00까지이다. 일요일은 16:00부터 익일 학과 출장 집합 시까지 이고, 09:00부터 16:00시까지는 개인정비 시간을 부여하고 "부"훈육분대장에게 대리 임무를 수행하도록 한다. 특히 교육 분대장과 훈육분대장의 인수인계는 학과 출·퇴장 시이고, 교육간 특이사항, 관심환자 등의 정보를 교환한다.

훈육분대장의 기상은 훈련병 기상 전 15분전이고 취침은 훈련병 내무실에서 훈련병 취침 후 30분후에 동숙한다. 훈육분대장의 양성은 1개월 전 훈육지침서 개인연구로부터 시작되며 2주전에는 훈육지침서, 군인복무규율, 병영생활교범, 훈련소 규정, 군대예절, 기타 등을 숙지하고 1주전에는 합동근무를 하면서 중대장에게 훈육지침서 평가받고 결과를 부대일지에 유지한다.

임명과 교체는 중대장 통제 하에 실시한다.

2.4. 훈련병 관리

훈련병 신상파악지침은 전 교관과 조교가 실시하며 전 교육기간을 통하여 수시로 실시하고 관심훈련병은 중대장 또는 교육대장이 직접 면담 후 문제점은 생활지도기록부에 기재, 봉인 후 자대에 발송한다.

신상파악방법은 설문서, 인성검사결과확인, 내무생활과 교육훈련 관찰, 면담, 전우조의 상호평가, 편지와 수양록을 통해서 확인한다.

신상파악요소로서는 첫째 가정환경의 확인은 가족관계와 경제적 상태, 부모의 관심과 출생구분에 대해 파악한다. 둘째 교육적 배경은 교육의 정도와 학교생활태도, 교우관계, 대학 재학 시 동아리 활동 등에 대해 파악한다.

셋째 사회적 배경은 대인관계와 생활정도, 이성 관계를 파악한다.

넷째 개인특성은 지능과 성격, 적성과 건강, 취미, 습성, 가치기준을 파악한다.

다섯째 생활태도는 내무생활과 교육훈련, 임무수행태도와 전우와의 관계를 파악한다.

여섯째 당면문제로 가정환경과 건강, 애로사항, 이성문제를 파악하여 훈련병이 군 생활 간 임무수행을 하는데 지장 없도록 도와주고 신병훈련 후 자대생활을 거쳐 전역할 때까지 신상관리를 하는 첫 관문이므로 정확하고 내실 있게 파악하여야 한다.

전우조는 훈련병과 기간병으로 나누어 활용하는 방법이 있는데 첫째 훈련병 전우조는 인접 전우가 어려움에 처해 있을 때 상호 위로와 협조하도록 하고 군무이탈과 기타사고 징후 발견 시 즉각 보고하도록 교육한다. 훈련병들이 야외훈련 간 화장실 이용과 기타 이동시는 최소 3명 단위로 이동한다.

둘째 기간병 전우조는 보호 및 관심병을 파악하고 통제 용이성을 제공하며 인접 전우의 고민 해소와 동시에 사고의 사전인지가 가능하다.

2.5. 환자진료 및 관리

2.5.1. 일과 중 진료

학과출장 시는 응급대기품녹을 휴대하여 활용하고 야외훈련 시는 교육대당 의무병 1명이 동행하여 교육간 상주한다. 사격, 수류탄, 각개전투, 종합각개, 행군 훈련 시에는 군의관과 앰뷸런스가 지원 되어야 한다.

2.5.2. 일과 후 진료

교육 복귀 후 중대 자체 구급함을 활용하여 치료할 인원과 의무실 진료인원을 선별하고 인솔 책임 분대장을 임명한다. 진료 시 전투복이나 운동복으로 복장을 통일하고 대기시간 최소화를 위해 중대별 진료시간을 엄수한다.

2.6. 적극적인 병영생활 유도

얼차려 제도의 지침은 교육목표 달성과 교정을 위해 체력단련 차원에서 시행되어야 하고 집행은 지정된 장소에서 실시하면서 이유와 내용을 설명하여 주어야 한다.

또한 기후조건과 신체조건을 고려하여야 하며 집행자의 감정을 앞세우거나 육체적인 접촉은 피해야 하고 상·벌점 적용과 중복되지 않게 하여야 한다.

얼차려 집행은 전 교관 및 분대장요원이 집행하는 개인 얼차려와 소대장급 이상 지휘자(관)이 해당 제대에 대해 집행이 가능하고 분대급은 해당 분대장이 당직사관 승인 후 집행이 가능한 단체 얼차려로 구분할 수 있다. 집행시기는 취침 후, 기상 직후, 식사 전·후 등 생리적 보호를 요하는 시간을 제외하고는 언제나 가능하다.

얼차려 종류와 상 벌점 제도와 관련하여서는 부대별 규정에 따른다.

유급제도의 방침과 세부내용, 주요과목 불참자등 관련하여서는 해부대 규정에 따른다. 내무검사는 제대별 내규에 반영된 내용으로 실시하되 부대여건을 고려하여 실시한다.

제3절 참모부 담당관

1. 개요

참모장교를 보좌하고 조언하며 부서 내 시설과 장비를 유지한다. 병 및 예하 부사관의 업무를 지도하고 각종 문서와 서류를 정리하여 존안하고 참모부 복지와 사기증진에 노력한다. 훈련 시 물자와 장비를 준비하고 기타 참모지시에 대해 임무수행을 한다.

참모부담당관의 복무자세는 해당 업무에 최고의 권위자라는 자부심과 긍정적이고 적극적인 사고를 행동으로 실천하며 올바른 판단과 결심을 할 수 있는 능력과 함께 상관을 존경하는 마음과 동료들에게 신뢰를 받고 부하는 정으로 통솔하는 자세를 가져야 한다.

2. 역할과 책임

2.1. 편제직위의 임무수행

인사, 정보, 작전, 군수 등의 행정업무와 정비, 보급 등의 기술 및 특정임무를 수행하고 해직책 임무수행을 위한 각종 문서정리와 실무 참고철을 작성, 활용한다. 일일업무와 또는 특정업무에 대해 참모장교에게 계획과 결과보고, 지침을 수령하는 등의 능동적인 임무수행자세가 필요하다. 또한 실무 장교 유고시 대리임무를 수행하고 해당 참모기능에 대한 예하부대 업무지도를 병행한다.

2.2. 참모장교 보좌와 조언사항

참모부대 시설과 장비, 병력운용 등에 대한 보고와 부서별 전통이나 업무수행 방법과 관련자료 등을 제공하고 병과 부사관에 대한 특이사항이나 임무를 조정한다. 인접부서나 상 하급 부대에 관련된 첩보사항이나 훈련 시 지형과 기상 등의 특이정보, 부서 내 전투근무지원 현황과 제한사항에 대해 조언한다.

2.3. 전투근무 지원담당

시설과 장비, 물자 유지와 관리 부대를 협조하고 부서인원에 대한 보급품 지원이나 사기 및 복지대책을 강구하고 병과 부사관의 인사관리와 휴가, 포상 등을 건의한다. 또한 근무편성을 감독하고 군기유지, 군인 기본자세를 교육한다.

2.4. 교육훈련지도

병과 부사관의 주특기 교육과 실무간 지속지도가 필요시 연구 강의를 주관하고 주특기 교육결과와 특성을 기록하여 보직조정이나 인사관리에 반영을 건의한다. 전입 실무 장교에 대한 부서 업무 소개와 업무수행 방법을 조언하고 주특기 교육관련 교안이나 자료를 작성하여 유지한다.

2.5. 전통유지

담당관은 역대 참모장교와 실무 장교의 인적사항이나 부서별 역사자료를 정리하고 보관하며 훈련이나 특이 업무 수행 시 계획과 보고서등 관련 자료를 정리 유지한다.

3. 인사담당관

3.1. 인사담당관 임무수행 방법

인사담당관은

① 일보에 의한 변동사항을 확인하고 변동인원에 대한 이유와 추적, 분석을 하고 전입신병의 인솔과 신고, 신병분류를 한다.

② 전역과 진급 대상자를 보고하고 전역장병 취업알선과 홍보와 진급명령을 발령한다. 각종 인사명령과 자력표, 상훈기록 변경을 보고하고 하는 등의 인사관리업무를 한다.

③ 군 기강 확립과 사고예방활동의 일환으로 사고사례를 전파하고 교육하며 취약지역에 대해 수시 순찰한다. 동계채난 지역의 안전점검과 매년 5월 11월에 실시하는 사고격감 강화의 달 행사를 주관한다.

④ 인사개선 간담회와 부사관단 내무검사, 각종 자금신청과 결산을 확인한다.

⑤ 병 군사특기를 반기마다 재분류하고 동원 병력 적소지정 노력과 동원훈련 준비를 한다.

⑥ 매년 5월에는 각 부대에서 생산된 문서를 효과적으로 보관과 관리를 위해 각종 명령지철과 자료를 정기문서 이관한다.

⑦ 영외 거주자 비상망 최신화, 소집된 인원 시간 확인과 미소집자 신상파악을 한다.

⑧ 태권도 승급과 승단심사를 측정하고 중대별 순환 식 주특기 능력상태를 점검하며 매년 4월과 5월에 체력검정을 주관한다.

⑨ 지휘서신과 연간 할당된 무료군사우편물 발송과 관련하여 군사우편 활동을 분기별로 시행한다.

4. 정보담당관

4.1. 정보담당관 임무수행 방법

정보담당관은

① 비밀을 접수하여 관리하고 파기하며 비밀소유조사와 재분류를 검토와 비밀관리기록부 갱신과 이기, 비밀안전 지출과 파기 훈련을 실시하고 감독한다.

② 영문과 통제구역에 출입자에 대한 출입증 발급과 위병소 출입통제, 외래인 출입조치 통제와 보안조치, 보안성 검토와 보안조치, 반입도서와 불온 유인물 군내 반입 차단활동과 수거, 학위논문 제출 전 보안성 검토를 의뢰한다.

③ 전산보안과 관련하여 전산기와 주변기기, 보조기억매체에 대한 통제를 실시한다.

④ 불시 보안점검과 지도방문을 병행하고 훈련 간 보안실태도 확인한다. 특히 훈련 간에는 준비태세로부터 훈련 단계별 확인을 훈련 종료 시까지 하여야 한다.

⑤ 비밀 합동보관소를 운용하고 신원조사를 하며 비취인 가증 발급과 회수, 체신전화 부대설치와 반입을 통제한다.

⑥ 매월 전투지원태세 확인의 날 행사시 보안 정신교육과 실무교육을 실시한다.

⑦ 군인가족 보안교육과 개인보안 수준 표를 유지하고 보안업무 성과분석과 보안감사를 수검받는다.

5. 작전담당관

5.1. 작전담당관 임무수행 방법

5.1.1. 훈련장 관리유지

작전담당관은 훈련장 관리유지를 위해 이력카드를 작성하고 훈련장 보수와 정비를 실시하고 관리와 유지예산을 운용한다.

① 훈련장 이력카드는 2부 작성 후 원본은 보관하고 사본 1부는 훈련장 통제부대에 제출한다. 작성 시 유의사항으로는 훈련장 부지에 대한 증빙서류를 첨부하고 위치는 6계단 좌표로 작성한다. 행정구역은 도(시), 군(구), 읍(동), 면, 리와 지번을 기록하고 주요시설은 누락 없이 기록하고 요도는 축소지도(5만 또는 2만5천)에 위치표시를 한다.

② 훈련장 보수와 정비를 위해 훈련장 보수, 정비계획을 수립하여 시행하고 보수 또는 정비간 자대능력 초과 시 상급부대 지원을 건의한다. 예하부대 훈련장 유지실태를 정기적, 비정기적으로 점검하고 훈련장 상설 보수와 정비반을 편성한 상태를 확인하고 운용한다. 인위적으로 파손과 도난, 천재지변에 의한 파괴 방지대책을 강구하고 훈련장 보수내규와 예방정비 점검카드를 작성한다.

③ 훈련장 관리 유지예산운용은 상급부대 훈련장 유지비 배정을 확인하고 수령하여 예하부대 훈련장 유지비를 재배정하고 타 용도 전용과 임의 사용여부를 확인한다. 연간 사용계획을 수립하고 집행하며 훈련장 보수와 관련한 장비와 물자를 구매하고 공병계통 예방 보수비 배정상태를 확인하고 집행한다.

5.1.2. 교육훈련 실태 확인

교육훈련과 관련하여

① 교육계획을 수립하고 시행하기 위해 연동 식 부대 운영계획과 주간예정표를 확인하고 과목과 과제에 의한 훈련 실시여부, 주 단위 집중 순환 식 훈련, 체력단련실태를 확인한다.

② 교보재와 교탄, 교범관리는 교보재 창고는 정리정돈하고 열쇠관리를 간부가 직접 통제하고 현황을 유지하고 수불대장을 작성한다. 교보재를 소요 판단하여 상급부대에 건의하여 획득하고 주 단위부터 연간 교탄 사용계획을 작성하고 부족탄약을 청구하여 획득하여야 한다. 교범은 관리대장에 작성 활용하고 교범관리 상태를 수시 확인한다.

③ 정신교육과 교관 연구 강의 실시 상태는 상급부대와 시사안보자료를 토대로 일일정신교육을 시행하고 대적관 확립을 위한 지휘관 정신교육 준비하고 시행하면서 충 · 효 · 예 교육

실태를 확인한다. 교관 연구 강의는 분기 1회 이상 실시하고 후속조치실태를 확인하고 과목별 담당교관을 편성하고 교안, 실습계획표를 작성한다.

5.1.3. 전투준비태세 확인

① 5분 전투대기부대의 편성상태와 복장과 장비휴대 상태, 개인임무숙지, 각 단계별 행동요령 숙달상태를 확인한다.

② 전투세부 시행규칙상 영외거주자 소집과 관련하여 경보전파와 상황보고, 작전처 물자 분류계획, 탄약과 식량수령, 불출계획, 지휘소 운용준비와 관련하여 확인한다.

③ 지휘소 운용 준비를 위해 행정소모품과 비품을 준비하고 작전처 비품 불출 대책을 확인하고 보관함을 준비하며 각종 부착물과 상황판, 좌석 배치를 확인한다.

5.1.4. 각종 훈련과 작전간 작전실무자 보좌와 전투근무 지원

① 주 지휘소 준비와 작전처 요원 임무수행 준비를 조치하여 준다. 이를 위해 각종 물자 수령을 확인하고 불출하며 작전처 임무교대와 근무요령을 교육하고 작전일지 작성 시 최신상황을 유지하고 전파한다. 작전처 간부와 병의 휴식장소를 준비하고 보안과 관련하여 유·무선 통화 제한과 기도비닉 대책, 비문보고와 상황관련 보안을 유지하고 작전 관련 문건을 관리한다.

② 작전종료 후에는 작전간 접수와 발송문건을 종합하고 사용비문을 소유조사 하여 정보처로 통보하고 불필요 문건은 파기하고 사용문건은 종합하여 합철 또는 존안 한다.

③ 지휘소 내 방치 비문과 음성비밀 여부를 확인하고 작전간 사용 소모품과 비품을 정리, 점검한다.

5.1.5. 예하부대 야외훈련 간 안전사고 예방활동 점검

① 훈련 전 불필요 품목휴대 여부와 기상변화에 대비한 준비물 확보, 소모품의 예비물품을 확보한다.

② 훈련 간 지휘관의 사고예방 정신교육 실시와 총기, 장비관리상태를 점검하고 안전, 순찰조를 운영하여 개인행동과 차량을 통제한다.

③ 훈련 후에는 환자 파악, 조치와 훈련 간 문제점을 분석하여 조치상태를 점검한다.

6. 군수담당관

6.1. 군수담당관 임무수행 방법

6.1.1. 군수행사 계획수립, 시행실태확인

① 월 1회 국토 대청결의 날 행사의 중점을 하달하고 실시결과를 종합한다. 연대와 대대는 계획을 수립하고 상급부대에 보고한다.

② 매월 마지막 근무일에는 전투지원태세 확인의 날 행사로 상급부대 행사지침 확인 후 세부 시행계획을 수립하여 하달한다. 전월행사 결과에 대한 후속조치와 실적을 확인하고 상급부대 확인방문에 대비한 수립준비와 행사일정 변경부대를 파악하여 사전 건의한다.

③ 환경보존 업무는 제대별 환경 담당관 임명실태, 환경보존 활동결과를 보고하고 종합, 분기별 환경예산 집행과 배정, 환경보존 추진평가 회의를 주관하고 사업을 분석한다. 차량 매연측정은 보유차량에 대해 반기 1회 배출가스를 점검하고 측정결과와 불합격 차량에 대한 사후조치 결과는 3년간 유지한다. 환경보전교육과 야생동물 보호활동을 의뢰하고 주관한다.

④ 재해재난 대비 계획은 붕괴예상 시설물의 안전진단, 재해 유형별 MATRIX 작성, 재해·재난 FTX 계획, 동계 재해·재난계획을 수립하고 시행, 통제한다.

⑤ 에너지 절약 추진업무는 추진계획을 작성하고 분기별 행사실태를 점검하고 에너지 절약 표어·포스터 경연대회 주최, 에너지 절약 성과분석 주관, 유류와 전기, 수도와 GAS 사용실태를 분석한다.

6.1.2. 장비와 보급품 관리

① 자원관리 전산시스템은 편성부대 자원관리 전산시스템을 확인하고 실무담당자를 교육하고 지도하며 운영상 문제점을 종합하여 소요제기 한다. FRMS 운영실태를 확인하고 월말 재산결산 불일치 품목을 검증하고 재산대장 세부 오류품목을 검증하며 변경된 프로그램을 검증하고 확인한다.

② 예방정비 계획은 주간 예방정비 기록표 작성상태, 검사작업 지시서 작성요령, 장비종합 이력부 기록상태, 월말 재산대장 결산철 정리, 연간 예방정비 기록표 작성 하달, 주기성 교환품목 청구, 필수 복구성 재산현황, 장비종합 이력부 기록상태, D/L확보와 청구, 불출, 소모 등을 확인한다.

③ D/L입고와 확인 시에는 검사 및 작업 지시서를 작성하고 시설부대 D/L장비 정비를 의뢰하고 시설부대 입고장비 기록을 검사하며 정비완료 장비 검사 및 작업지시서 작성하여 정

비 완료 후 정비단위부대로 불출한다.

④ 장비의 반납은 장비 불용결정 기준에 의한 판정과 판단서를 작성하고 검사 및 작업지시서, 장비종합 이력부, 장비등록증 등 장비 반납서류를 준비한다.

⑤ 창고관리는 물자부족분에 수시 청구하여 불출하고 창고 현황판에 유지한다. 창고 대청결의 날 행사, 창고 개방의 날 행사를 추진하고 예하부대 물자 관리상태를 점검한다. 위생구와 분기 피복을 수령하여 불출하고 치장물자의 순환주기를 확인한다.

⑥ 물자 보급상태 확인과 부족분을 청구하여 획득하기 위해서 국방물자 시스템 일일 청구조치 현황을 파악하고 일반물자 정비소요 발생 시 점검하며 일품검사 계획과 결과보고서를 종합, 청구, 보급한다. 연대와 중대간의 재산을 정리하고 폐품 보유현황 파악과 반납을 건의하고 중대급 전산재산대장을 점검하며 국방물자시스템 오류현황도 점검한다. 기타 수리부속 보급관리, 치장장비 등은 물자현황의 순환주기를 확인하고 교체한다.

6.1.3. 각종 군수예산 집행과 관리

격별보수비, 일반 비보급품 유지비, 장비와 정비 유지비, 재해예방 예산, 행정기기 용품비, 환경 근무비, 월동자재비등 군수예산을 집행하고 관리한다.

확인해야할 사항은 상급부대 자급배정 공문을 접수하여 보고하고 자급배정계획을 수립하여 보고한다. 자금 사용실적을 점검하고 사용결과를 제출하고 확인한다.

6.1.4. 월하 · 월동계획 수립

월하기간은 매년 5. 1~9. 30(5개월간), 월동기간은 매년 10. 1~다음해 4. 30(7개월간)이며 채난기간은 1군과 3군 지역은 11. 1~다음해 3. 30(150일), 2작전사와 한수이남 지역은 11. 6~3. 15(120일)이다. 혹한기는 1월과 2월, 60일간이다. 채난기간은 지역 특성에 따라 군사령관이 조정, 운영하거나 각급 지휘관에게 위임할 수 있다.

확인할 사항은 월하 · 월동을 위한 물자 및 장비의 보급과 정비, 치환하고 시설과 도로를 보수한다. 월하 · 월동에 따른 교육과 홍보활동을 하고 기간 중 사용한 물자와 장비의 정비 및 저장관리를 한다. 채난과 냉 · 난방시설을 정비하고 비상용 주 · 부식, 연료의 확보와 관리, 장병의 건강과 위생관리를 한다.

6.1.5. 시설물 관리업무

① 보일러 안전과 성능검사를 연 1회 실시하고 성능검사대상은 온수보일러는 1톤 이상, 난방용 5톤 이상이다. 검사요청은 시설지역 지역부대에서 지역에너지 관리공단과 협조하여 시행하고 수수료는 책정된 범위 내에서 시설지역 지원부대에서 일괄처리 부족 시에는 해당 부대 소규모 보수비에서 충당한다.

② 오폐수 정화시설은 연 1회 이상 내부청소를 실시하고 시설관리관을 임명하고 운영 상태를 확인한다. 시설관리카드를 작성하고 기록을 유지하며 악취가 발산되지 않도록 파리와 모기 등 해로운 벌레의 발생과 번식을 방지한다. 분뇨처리장 시설은 주 1회 이상 기능점검을 실시하고 월 1회 이상 위생과 안전점검 실시한다. 방류수에 대해서 자체(위탁) 측정을 실시하고 운영일지 기록은 3년간 유지한다.

③ 시설보수는 시설의 증감현황과 보수사항을 판단하여 작성하고 보수 계획을 수립하고 시행한다. 건물과 시설관련 사항은 기록을 유지한다.

건물이력카드와 편의시설 이력카드는 준공일 기준으로 작성하여 보관하고 보수 시마다 내용을 기록하고 건물 예방 보수 점검카드는 연 1회 종합하여 하기 보수 판단에 활용한다.

6.1.6. 기타 군수 관련 행정업무

① 군 이사화물 관련 업무는 부대 간부 전입 시 이사 화물비를 신청하고 예산소요를 제기하며 국가기술 자격 검정은 군 자격검정 시험일정을 확인하고 예하부대에 하달하여 자력검정 인원의 원서를 접수하고 검정을 확인, 부대에서 획득한 인원은 기능 인력으로 관리한다.

② 전투준비는 작계와 야전예규 전투근무지원 계획 및 군수 부록을 작성한다.

③ 동원분야는 부대 증·창설 업무철을 보완하고 수송과 건설, 물자동원 소요제기와 변동자원을 관리한다. 물자 동원 중점관리 자원 확인의 날 행사 계획을 수립하고 시행한다.

제4절 행정보급관

1. 개요

중대장의 지시를 받아 근무하고 중대장을 보좌하며 중대원의 사기와 복지 단결과 사고예방, 신상파악 등 병영생활 전반에 대한 사항을 중대장에게 조언하고 건의한다. 중대본부 요원 신상관리를 전담하고 임무수행을 통제하며 중대 부사관의 업무지도와 병 인사관리에 대한 계획수립을 수립하고 시행한다. 교육훈련 시 제반사항을 지원하고 전담과목을 교육하며 시설과 장비, 보급품을 관리한다. 기타 부여된 행정업무를 수행한다.

행정보급관의 복무자세는 자신의 직무에 정통하고 소부대 전투기술 교관능력을 구비하며 병영의 핵심관리자이고, 부대전통의 계승자임을 인지하고 실천하여야 한다.

2. 역할과 책임

2.1. 중(포)대장 보좌

전투준비태세 유지상태를 감독하고 병과 부사관 분야에 대한 문제점을 파악하고 조치를 건의하며 소대별 전투력과 사기수준, 소대장과 부소대장과 관계 등을 파악하여 조치한다.

장비와 탄약, 물자현황의 제한사항과 지형과 기상, 민간관련 첩보를 제공하고 부대 진단 후 사기와 복지, 군기와 단결 등의 사항과 사고예방 대책 등 제반 특기사항을 파악하여 건의하고 조치한다.

2.2. 병 인사관리

전입병 최초 소대 분류계획 보고 시 소대의 의견수렴 후 해당 소대 해 특기 직위를 부여하고 비인가와 위규 보직자는 조정하며 특기 변경 사유 발생 시 상급부대 특기 변경을 상신하고 예하소대 포상 대상자를 종합하여 보고하고 조치한다.

병 진급 심사계획을 수립하고 진급 심사 위원회를 개최하여 진급자를 선발하고 징계상황 발생 시 징계위원회 개최준비와 심의 결과를 보고하고 인사 조치를 한다.

병 기본권 중 외출과 외박, 휴가, 복귀신고를 일과시간에는 행정보급관이, 일과시간 외에는 중대 당직사관이 실시한다. 외출과 외박 시에는 중대장의 지침을 받아 각 소대 외출과 외박인원의 건의를 검토하여 대상인원을 결정 후 중대장에게 구두보고하고 부모면회 등 병사 개개인의 청원 외출, 외박은 선 조치 후 중대장에게 결과보고 한다. 독립소대의 병공용 외출을 승인하고 내무생활 저해병사와 군기위반 병사의 외출, 외박을 조정하고 기본권을 제한한다. 포상에 의한 외출, 외박은 중대장의 지침에 따라 중대장 결재 후 발행관 실인 날인을 한 증명서를 발급한다.

휴가 중 연가는 휴가 서열표에 의거 월간 계획을 수립하여 시행하고 청원휴가는 사유발생시 명령발령과 상신 등 필요한 조치하며 포상과 위로 휴가는 교육훈련, 내무생활 우수자의 포상계획을 수립하여 시행한다.

2.3. 사고예방과 복지

전입병, 중대 본부인원, 보호, 관심병사는 중점 관리하는 신상 파악을 전담하고 출타하고 복귀한 인원을 면담한다. 신상과 관련하여 문제가 될 내용은 부대사고 예방차원에서 적절한 조언을 한다.

종교별 신자현황을 파악하고 활동여건을 보장하며 규정에 의한 내무생활 실태를 확인하고 감독한다.

2.4. 교육훈련

부사관과 분대장의 교관 임무수행 능력을 점검하고 지도하며 병 및 주특기 훈련에 대해 부소대장이나 분대장의 훈련실시 상태를 감독하고 평가한다. 충 · 효 · 예 교육과 주특기, 사고예방 군기유지 등에 대해 교육하고 평가하며 중대와 소대급 교육 훈련 시 필요사항을 확인하고 지원한다.

중대 전술 훈련 간 인원과 장비, 물자와 탄약운용에 관련된 사항과 훈련준비 수준, 지형과 기상, 민간인 관련 사항과 훈련사례 등을 중대에게 조언한다. 훈련 간 단계별 상황에 따른 전투 근무 지원을 지도한다.

훈련 시에는 병 및 부사관의 임무수행 상태, 장비와 물자, 탄약관리, 전장군기와 야전수칙, 편의시설과 위생 등 복지대책강구, 특수한 임무를 수행하는 소대 및 분대의 임무수행 상태를 지도하고 지원, 현장지도 결과 문제점이나 특이사항 보고와 조치, 교육훈련 우수자 선발 포상건의, 훈련 후 사후검토와 부대정비 현장 감독, 교범과 교육자재 등을 관리하고 조치한다.

2.5. 시설물, 장비와 물자관리

전기와 난방, 급수시설, 소화기와 방화기구 등 중대 시설물을 관리하고 보수하며 격별 보수비 사용계획을 수립하여 중대장 결재 후 시행한다.

장비와 물자관리는 군수품 관리법 시행령 개정 전 까지 분임물품 운용관으로서의 임무수행을 하고 일품검사와 정비를 시행하고 유사시 즉각 사용 가능토록 가용상태를 유지하는 Set화 또는 Package화 한다.

2.6. 기타업무

주둔지 내 외곽 경계근무와 불침번 근무를 편성하고 시행하며 중대 일일 암구호를 수령하여 전파를 확인한다. 부대일지 작성과 유지에 대해 확인하고 중대관인 관리와 중대행사 준비, 중대 비치서류 관리와 기록유지, 군기교육대 입소인원 선정과 건의를 한다.

금전출납과 관련하여 제반 금전출납 사항을 보고하고 각종 급여의 개인별 지급과 관련하여 증빙서류를 유지하며 병 개인통장 통합 보관과 중대장 지침 하 중대 운영비를 사용하고 관리한다.

3. 병 인사관리 수행

3.1. 일일 병력현황 확인과 기록

부대일지 '병력 현황'란에 작성하고 매일 일조점호 후 기록하는 작성방법 등 관련 규정을 숙지하고 출근과 동시에 부대일지를 확인한다. 확인된 병력현황을 매일 09:00까지 유선으로 대대 인사과에 보고하고 중대 전투력 수준의 기초자료로 활용한다.

중대 전 간부는 제반업무 수행 간 우선적으로 병력 이상 유무를 확인할 책임이 있으며 군무이탈, 주요환자 발생, 병력신상에 이상 징후 발견 시에는 인지 즉시 지휘관에게 보고하여야 한다.

3.2. 병력 예상손실 판단과 보충

병력 예상손실 판단과 편제된 병력수준을 유지하기 위해 손실에 대한 보충 전망을 정확히 파악하여 항시 100% 편제된 병력수준을 유지해야 한다. 전입병의 해 특기를 고려, 최초 소대 분류계획을 중대장에게 보고하고 중대장의 지침을 수령하여 보직부여 계획을 수립, 승인 후 시행한다.

월 단위로 중대병력 손실인원을 판단하여 대대와 연대에 보고하고 공용화기사수, 통신병, 운전병 등 핵심특기요원의 예상손실에 대해서는 중대장에게 보고한다. 1개 분기 후의 분대 및 소대 보직병력 수준을 분석하여 년 중 균형된 전투력 유지를 위한 예측된 업무를 수행한다.

3.3. 병 보직부여 절차

신병 전입 시 "나의 성장기"를 작성하도록 하고 신병교육대 생활지도기록부와 면밀히 검토하여 개인의 자질과 특성을 파악하고 보직을 부여 한다. 신병 전입 시 보직절차의 순서는 다음과 같다.

① 행정보급관은 대대로부터 신병을 인도 받아 생활 지도 기록부의 "가정환경, 면담결과"와 "나의 성장기" 등을 비교분석한다.

② 의류대 품목을 확인하고 중대를 소개하며 개인 장구류를 지급하고 영내 시설물을 소개한다.

③ 중대장 신고 후 병기수여식을 준비하고 정신교육과 면담을 통하여 애로사항을 파악한 결과로 보직을 부여하면 중대장은 전 중대원에게 전입신병을 소개한다.

④ 구타금지 서약서를 집행하고 구타를 당했을 시 "어떻게" 보고하는지를 교육하고 중대장 또는 소대장은 가정통신문을 발송한다.

⑤ 면담철은 특이사항 위주로 작성하고 15일간 근무는 미 편성한다.

3.4. 병 특기변경

군사특기 재분류 시기는 기술과 지식이 향상되어 현 특기보다 우위성이 있다고 인정되는 특기를 소유하였거나 타 군사 특기과정을 수료했을 때이다. 부득이한 사유로 타 특기 분야에서 실무를 통하여 유자격자로 인정될 때, 신체적 결함 또는 능력저하로 현 특기의 자격을 상실하였거나 임무수행이 불가능할 때, 군법 유죄판결로 현 임무수행이 곤란한 자, 병력운영상 특기 조정이 필요하거나 상급부대 지시가 있을 때 군사특기를 재분류 한다.

한번 재분류 된 자는 전역 시까지 타 군사특기로 재분류가 금지되고 재분류권자는 직군 내 일반특기는 독립대대장급 이상, 핵심특기는 장관급 지휘관이고 병과 내 일반특기와 핵심특기는 장관급 지휘관이며 병과 간 일반특기는 장관급 지휘관, 핵심특기는 군사령관이다.

3.5. 병 진급측정과 심의

진급의 일반원칙은 진급 최저 복무기간을 근무한 자로서 교육훈련 숙달정도와 내무생활 태도를 평가에 반영하고 진급은 매월 실시하며 다음달 1일부로 발령한다. 병의 진급권자는 중대장 또는 이와 동등 이상의 부대장이 되며 모범병은 조기 진급시킬 수 있고 진급 선발과 억제기준은 2개월 이내로 한다.

진급최저 복무기간의 산출은 현 계급 진급된 날로부터 가산하고 강등된 자는 강등된 계급에서 복무한 기간을 통산하며 강등되기 전의 계급에서 복무한 기간을 산입하지 아니한다. 병력동원 소집된 자에 대해서는 전역 당시의 계급에서 복무한 기간을 가산한다.

진급시킬 수 없는 사유로서는 군사법원에 기소와 구금 또는 수형중인 자, 탈영 중인 자, 행방불명 중인 자, 전공 상 이외의 사유로 입원중인 자에 해당되는 자는 그 사유가 해소될 때까지 진급선발 대상이 되지 못한다. 그러나 군사법원에서 유죄판결을 받은 자, 징계처분을 받은 자는 진급선발 대상이 될 자격을 일정기간 정지한다. 진급 최저 복무기간 환산에 제외되는 기간은 소집 병사의 예편하였던 기간과 비전공상으로 입원한 기간, 영창, 탈영, 복역과 구금기간이다. 다만 구금 중 불기소처분 또는 무죄석방자는 제외한다.

3.6. 휴가의 구분과 시행

연가는 부대여건을 고려하여 연간 균형 있게 실시되도록 계획하여야 한다.

하사 이상 간부와 군무원은 연 23일을 본인 희망에 따라 전 · 후반기 또는 수회 분할로 허가한다.

공가의 허가권자는 공무에 한하여 소속부하가 국회, 법원, 감찰, 기타 국가기관에 소환된 때, 법률의 규정에 의하여 투표에 참가하려 할 때, 공무상 질병 또는 부상으로 직무를 수행할 수 없을 때, 외국유학, 군사교육, 또는 군 시설 외에서 위탁교육을 위한 시험에 응시할 때에는 필요한 기간공가를 허가하여야 한다.

재해구호휴가 허가권자는 풍해 · 수해 · 화재 등 재해 시 5일 이내의 재해구호 휴가를 허가할 수 있다. 포상휴가는 모범이 될 공적이 있는 자에 대하여 7일 이내의 휴가를 허용할 수 있다.

청원휴가는 본인의 청원에 의한 휴가로써 부상과 질병으로 요양을 요하거나 그 직계가족이 질병 등으로 본인의 간호를 요할 때에는 20일 이내, 혼인 할 때에는 14일 이내, 본인 또는 배우자의 직계가족이 사망한 때에는 10일 이내, 기타 관혼상제 등 개인적 사유 등으로 필요 시 요청할 경우는 7일 이내로 하되 이 기간을 연가에서 공제할 수 있다.

위로휴가는 훈련과 검열, 기타 특별한 근무로 피로가 심한 자에 대하여 7일 이내의 휴가를 허용할 수 있다.

휴가출발 전에 확인할 사항은 병사의 복장, 개인위생, 개인보급품의 정비와 보관여부, 휴가비 수령, 규정에 의한 개인소지품 소지, 수첩 등에 군사기밀 사항 기록, 여행경로, 귀대일자, 비상복귀요령 등의 숙지상태를 점검한다.

3.7. 외출과 외박

외출과 외박의 허가범위는 부대 병력의 1/3 이내로 함을 원칙으로 하고 병사들의 외출과 외박은 포상개념에 의거 시행한다.

외박은 특별한 사유가 있거나 연휴기간에 영외에서 숙박하고 귀영함을 말하며 그 시간은 48시간을 초과할 수 없으나 공휴일이 계속될 때에는 72시간까지 허가할 수 있으며 일석점호 전까지 귀영하여야 한다.

외출과 외박 성과제는 병사의 복무기간동안 10일 범위 내에서 성과제로 실시하고 정량일수를 초과하여 실시할 경우는 그 기간만큼 연가에서 공제한다. 외출, 외박자가 규정된 시간에 귀대하지 않았을 때 내무생활 지도요원은 즉시 해당지휘관(자) 또는 당직계통에 보고하여야 하며 보고받은 지휘관(자) 또는 당직근무자는 상급부대에 보고하여야 하고 본인이나 기타 친인척으로부터 특별한 사유로 인해 귀대 시간이 늦어진다는 사전 통보를 받았을 때는 그 내용을 추가로 보고해야 한다.

면회는 휴일 또는 평일을 막론하고 임무수행상 지장이 없는 범위 내에서 중대장과 당직사관이 허가한다. 지정된 면회실에서 실시함이 원칙이지만 특수한 경우 허가권자의 허가를 받아 사무실 및 기타 장소에서 면회할 수 있다. 시간은 08:00부터 17:00까지로 함이 원칙이지만 계절과 부대여건에 따라 중대장이 조정할 수 있다.

면회실은 위병소 부근에 설치함을 원칙으로 하며 부대의 규모, 위치와 외래자의 편리 등을 고려하여 지휘관이 따로 정할 수 있다. 위병근무자는 면회자에게 친절하고 불편이 없도록 하고 면회신청을 하면 필요한 사항을 기록하고 최단시간 내에 중대장 또는 당직사관에게 보고 후 조치한다.

3.8. 포상계획의 수립과 시행

표창 비율은 사단장급 5%, 연대장급 7%, 대대장급 9%, 중대장급 15%이며, 중대장급 이상의 지휘관은 소속된 장병을 대상으로 표창할 수 있다.

행정보급관은 월간 포상계획을 수립하여 중대장의 승인을 득한 후 각 소대에 하달하고 주요훈련, 군기유지 우수자, 모범이 될 만한 공적이 있는 병사를 적시에 포상하여 그 효과를 극대화하도록 한다.

상급부대 표창이 할당되어 대상자를 건의할 때는 공적이 뚜렷한 자를 중대회의 통해 공개심의하여 건의한다.

4. 사고예방과 복지

4.1. 신상관리

병사 신상파악 실시하여 등급별로 구분, 관리하고 생활지도기록부는 대외비에 준해서 관리하여야 하며 애로 및 건의사항을 수렴하여 조치하여 준다. 신상파악 간 면담 시 유의할 사항으로 최대한 개인 접촉, 공감적 경청, 분명하고 적절한 표현, 설득과 이해, 부대홈페이지 활용, 사랑의 전화, 마음의 편지 활용, 동향과 동일 취미자 활용, 인간적 신뢰와 인간관계 구축 등 활용하여 면담한다.

관심병사 지도요령은 정기 또는 수시 접촉을 훈련과 근무, 작업을 가리지 않고 면담하고 군목과 군의관, 주임원사와 후견인, 동기들의 도움도 받는다. 간부와 병간 상호 자매결연을 맺고 개인 특성에 부합되는 지도방법을 강구한다.

4.2. 사고 발생 시 보고와 처리

행정보급관은 사고발생시 신속하게 중대장에게 보고하고 상급부대와 지원 헌병계통에 보고하여 필요한 조치를 신속하고 효과적으로 조치하여야 한다. 확인되지 않은 내용들을 추정하여 보고해서는 안 되며 사고에 대해 언론기관 등에 창구를 단일 화 하기 위하여 사단 정훈공보부로 문의하도록 조치하고 유언비어를 방지하도록 중대원을 교육한다.

사고에 대한 중간, 최종결과보고를 중대장의 지침을 받아 보고할 수 있도록 조치하고 중대장의 승인을 득한 후 보고한다. 사고 발생 시 유의사항으로는 수사관의 조언을 듣고 유가족과 대화 채널을 하나로 유지하고 유가족에 대한 홍보와 적극적인 조치 노력과 최선을 다하는 자세를 견지하고 사건 발생 시 허위보고와 은닉행위를 금지한다.

4.3. 임무분담제와 내무부조리 척결

개인이 수행해야할 일은 개인피복의 세탁과 정비, 개인화기 손질과 관리, 개인위생과 이발, 개인 장구류와 보급품 관리, 관물정돈, 전투화 손질, 침구류 정돈, 불침번 근무 등이 있다.

내무실 단위로 수행해야할 일은 내무실 청소, 어항 물갈이, 공용화기와 장비손질, 화장실 청소, 청소도구함 관리, 실외 담당구역 청소, 작업도구 수령과 정비, 폐자원 분리와 수거, 교보재 수령과 반납, 오물장 청소, 식사준비와 수령을 하고 탄약수령과 반납, 총기수불과 잠금 등은 간부 통제 하에 실시한다.

4.4. 취사장 위생관리

취사장은 취사병들이 조리 시 취사복과 모자, 앞치마 등 규정된 복장을 착용하고 조리용 장비 등 취사기구는 매 취사 전 · 후 삶거나 소독한다. 도마와 칼은 육류용, 어패류용, 채소용으로 구분하여 사용하고 칼끝은 둥글게 하고 잠금장치 후 보관하며 창문과 잔반통에 방충망을 설치한다.

4.5. 식당환경 및 급식 향상 조치사항

4.5.1. 밝고, 깨끗하고, 쾌적한 분위기 조성

취사장과 식당의 내부도색과 벽면미화, 조명, 환기, 냉 · 난방 시설을 개선하고 시기세척장, 잔반 처리통 청결유지, 오 · 폐수 시설설치와 소독을 실시한다.

4.5.2. 급양관리관과 취사병을 엄선, 스스로 보람을 갖도록 자긍심 고취

취사병을 자대 보직 후 위탁교육을 2주간 실시하고 편의시설을 구비함과 동시에 각종포상과 격려활동을 활성화한다.

4.5.3. 철저한 수납검사를 통해 양질의 식단 제공

주 · 부식 수령 시 규격과 정량 미달품은 즉각 반납조치하고 유효기간 확인을 철저히 한다. 하절기 냉동식품은 해동 후 육안 및 정밀검사를 통해 변질여부를 판단한다.

4.5.4. 주 · 부식 저장관리 요령 준수

선입 · 선출에 의한 저장과 순환급식을 실시하고 통풍과 구충과 구서대책을 강구한다. 하절기 수육류, 어패류는 수령 즉시 손질 후 냉동실에 보관한다.

부식청구는 일보와 식수인원 통보서와 대조하고 매월 주 · 부식 결산 시 결재한다. 모든 물은 오염되어 있다는 가정 하에 끓인 물을 급식하고 주기적인 급수원을 점검하며 냉, 온수기 관리를 철저히 한다. 미확인 식품의 취식과 외부 음식의 영내반입을 차단하고 야외훈련 시에는 산채와 버섯, 어패류의 취식을 금지하고 외부에서의 음식반입을 철저히 통제한다.

Tip

식당의 식탁은 항시 청결하고 건조하게 유지하며 고추장, 간장, 소금은 뚜껑을 덮고 내용물을 수시 교체한다. 식당바닥과 식탁은 악취가 풍기지 않도록 주 2회 이상 청소하고 하절기에는 파리, 모기 등 유해곤충을 예방하여야 한다.

5. 교육훈련

5.1. 교육준비와 시행

① 정신교육의 날 교육은 국방일보 표준교안 및 충효예 교육 기본교재를 이용하여 교육내용을 연구하고 교육 전 주 토요일부터 화요일까지 지휘관에게 교육계획과 준비상태를 점검받고 선 간부교육을 실시한 다음 수요일 2교시 교육 후 그 결과를 부대일지에 기록한다.

② 수시 생활화 교육(3 · 1절, 광복절, 신고, 휴가 등) 은 충 · 효 · 예 교육 기본교재, 상급부대 지원자료 등을 이용하여 교육내용을 연구하여 실시한다.

③ 반기 집중 정신교육 시에는 계획 수립 시 행동화, 체험학습위주(견학, 답사, 봉사활동 등) 교육계획을 수립하고 내실 있는 교육을 위해 교육준비 사열을 통해 교육계획과 내용을 점검 후 교육을 실시한다.

5.2. 예비군 편성과 자원관리

예비군 편성은 소집부대장 책임 하에 병력동원 소집명부와 소집부대 편성표에 의거 편성하고 편성대상은 현역기간요원과 현역전환요원, 예비군 동원지정자원, 기타 보충자원이다. 중대급 소집부대는 대상자를 편제표에 의거 중대편성을 하고 추가 지정된 요원들은 중대 예비자원으로 편성, 관리한다.

동원지정자 관리는 자원 소집부대장과 지방병무사무소장이 공통 관리하고 동원자원관리를 위한 소집명부를 작성하여 소집 및 자원관리부대, 지방병무사무소, 예비군 읍 · 면 · 동대에 각각 1부씩 관리한다.

6. 시설물, 장비 및 물자관리

6.1. 월하 준비

월하 준비기간은 4. 1~30일이고 기간은 5. 1~9. 30일까지이다. 장비 · 물자의 발청, 부식과 곰팡이를 예방하고 부식수송과 저장 간 변질에 의한 식중독을 예방해야 한다.

낙뢰로 인한 통신장비와 해안 감시 장비의 피해를 방지하고 기간 중 예상되는 각종 안전대책 강구에 대해 사전예방교육을 실시해야 한다.

6.2. 월동준비

월동기간은 10. 1~다음해 4. 30일까지이다. 월하물자 · 장비 정비 후 보관하고 월동준비에 소요되는 자재는 월동 자재비로 집행한다. 장비의 동파 방지를 위한 운용병 교육과 시설물 방한 대책을 강구하고 재난 운영지침을 준수한다.

6.3. 준비계획수립, 중대장 승인 후 시행

6.3.1. 월하 · 월동 준비계획 수립 및 보고(3월말)

월하 · 월동 준비 소요예산 판단 및 상급부대 예산확인, 실행 가능한 계획수립을 수립한다. 계획 작성 시에는 동계와 하계 시설 · 장비관리, 예방정비 교육계획을 포함하여 작성한다.

6.3.2. 계획에 의거 단계별 시행

월하 · 월동 물자를 정비하고 보관하며 계절특성에 따른 부식, 곰팡이 번식 방지, 시설물 보수(방충, 방풍막 설치, 보일러 정비, 샤워시설 보수 등), 월하 · 월동물자 수령 및 보관, 불출 통제하고 준비 실적과 예산 집행결과를 부대일지에 기록한다.

6.4. 시설물 점검 및 보수

6.4.1. 점검

월1회 군수지원태세 확인의 날 행사시 시설물 점검결과 종합하여 보수소요를 판단하고, 시설관리 전담관을 임명한다.

6.4.2. 계획보수

경제적으로 사용연수를 현저히 증가시킬 수 있는 대규모 보수로서 시설물가격의 21~50%이고, 연 1회 소요제기 한다.

6.4.3. 소규모보수

대규모 보수 미연 방지를 위한 보수로서 시설물 가격의 4~20% 이내이다.

6.4.4. 격별보수비

시설 사용자에 의한 수시 또는 주기적인 보수를 하고 시설물 가격의 3% 이내이다. 월 1회 시설물을 점검하고 보수소요를 작성하여 건물 예방보수 점검카드에 근거를 기록한다. 자금 배정시 사용계획서를 지휘관에게 결재 받아 현상유지에 소요되는 품목위주로 집행하고 완제품과 비품, 공구 구매로 사용해서는 안 된다.

건물 예방보수 점검카드는 점검 및 보수 계획 작성에 필요한 것이며, 시설관리 전담 부사관에 의하여 월 1회 점검하고 작성한다.

6.4.5. 건물이력카드 작성방법(건축한 날로부터 기록)

① 건물명 : 용도에 의한 건물명(사무실, 내무반, 식당 등) 기입

② 건물구조 : 벽돌 슬라브, 블럭스레트, 블럭(벽돌)기와, 라멘조, 목조, 프리훼브, 콘센트 등으로 기입

③ 건물번호 및 준공일자 : 부여된 건물번호와 해당건물의 준공일자 기입

④ 건물규격 : 가로, 세로, 높이(처마도리 상단)를 표시하며 단위는 미터 사용

⑤ 인가금액 : 관급자재 예산과 원화를 각각 기록

⑥ 보수내용 : 지붕, 천장, 외부, 내부의 도장, 출 창문, 기와 등에 관하여 보수한 내용을 상세히 기입

⑦ 시공자 및 지휘관 확인 : 보수공사 시공자 및 지휘관 서명

6.4.6. 화재예방

연대급 이상(독립대대 포함) 모든 시설은 분기 1회 정기검사를 실시하고 노후시설은 주기적인 전기 안전점검을 실시한다. 특히 누전 점검관을 임명 운영하되 우천 시는 반드시 주 1회 이상 점검을 정례화 한다.

전기선이 인입된 모든 건물에는 반드시 누전차단기를 설치하고 지역 한전과 협조하여 정기적인 전기 안전점검을 실시한다.

전 장병을 대상으로 용량에 맞는 전선사용과 1개의 콘센트에 수개의 플러그 사용을 통제하고 규격퓨즈 사용 및 예비퓨즈를 비치하고 비인가 전열기 무단사용 행위를 금지하는 안전규정 및 화재예방교육을 강화한다. 20년 이상 된 건물에는 노후 된 전선이 널려있으니 주기적으로 정돈하고 전기선 인근의 수목은 봄철에 제거한다.

6.5. 전투장비, 물자 · 탄약관리

① 상급부대 계획에 의거 시행되는 장비 및 물자, 탄약 재물조사 시 부족량 또는 잉여량에 대해서는 대대로 보고하고 재산대장을 정리하여 중대장에게 보고한다.

② 일일 일품검사 시 계획된 물자와 장비상태를 행정보급관이 확인하고, 그 결과를 중대장에

게 보고한 후 부대일지 일품검사 결과란에 기록한다.

③ 각종 훈련 및 작전간 망실, 분실, 훼손된 장비는 규정과 절차에 의거 중대장에게 보고 후 정상적인 손망실 처리 규정에 의해 조치한다.

④ 탄약은 관리규정에 의해 관리하고, 수불시 간부(행정보급관) 입회하에 출입하며, 출입일지에 기록하고 근거를 유지한다.

⑤ 상급부대 월 단위 군수지원태세 확인의 날 행사와 연계하여 탄약고, 창고 등 관리 및 가동상태를 확인한다.

6.6. 총기 및 탄약 일일결산

6.6.1. 총기관리

[1] 운영용

① 개인지급총기 : 내무반에 2중 잠금장치 하 관리 및 개인지급 시 간부 입회하 지급

② 영외거주자, 사고자총기 : 행정반 및 지정된 장소에 2중 잠금장치 하 관리

[2] 치장용

완편에서 감편을 뺀 나머지는 진공 포장 후 봉인과 밴딩을 하고 치장박스 외부에는 총기 탁본, 총기(박스)무게표시를 표시한다. 치장용 장비해체 시 사단장급 이상 지휘관 승인 하에 실시한다.

6.6.2. 탄약관리

[1] B/L탄

봉인 및 밴딩 된 상태에서 탄종과 로트별로 구분저장관리하고 상자 연결봉인지 부착과 철선 꼬임상태(2가닥 연결여부), 밴딩클립 연결부분 견고성을 확인한다.

[2] 교탄

탄약고내 B/L탄과 구분저장 관리하고 낱발 단위 상자는 내부에 실명제카드와 외부종이로 봉인하고 낱발은 보관함에 관리하되 낱발 보관함은 외부에서 보일 수 있도록 제작한다.

6.6.3. 무기고 및 탄약고 출입 시 주의사항

관리관을 포함하여 2명 이상 출입하고 지휘관 출입승인 시 출입하되 인화물질 휴대는 금지한다.

6.7. 물자관리 및 중대운영비 관리

① 행정보급관은 무기와 물자에 대해 대대 군수장교와 재산대장 일치여부를 확인하고 주1회 이상 물자정비를 실시하며, 월 1회 전투지원태세 확인의 날에 미비한 분야에 대해 보완한다.

② 중대운영비는 소대단결활동(회식, 간담회, 전입, 전출자 행사 등)과 격려활동(생일자 케익, 진급자 선물, 근무자 격려 등), 기타활동(포상과 위로 휴가자 여비 지원, 기념사진 촬영, 불우병사관리, 면담, 교육 시 다과, 음료) 등으로 구분하여 사용한다.

제5절 주임원사

1. 개요

주임원사는 지휘관을 보좌하고 부사관단을 대표한다. 부사관 및 병의 대변인 역할과 선도 및 교육하고, 부대원의 사기, 복지, 단결, 사고예방 등 부대관리 전반에 대한 지휘조언과 건의를 한다. 또한, 부사관단 활동 추진(교육훈련, 부대환경, 내무생활, 군기, 사고예방 등)과 하급제대 부사관의 업무수행 지도와 감독을 실시하며 부대역사, 부대 제반 의식행사와 대외활동도 병행한다.

주임원사의 복무자세는 지휘관의 의도를 항상 명찰하여 지휘주목을 하며 부대 운영사항을 소상히 파악하여 인지하고, 지휘관의 지시 업무 추진에 대해 적시 적절한 보고와 지휘관이 최선의 결심을 할 수 있도록 올바른 조언을 해야 한다.

2. 역할과 책임

2.1. 지휘관 보좌

부사관 활동에 대한 계획수립과 지휘조언 시 고려할 사항으로는 첫째 대면시기와 시간, 장소 등을 심사숙고하여 최상의 조건을 선택, 지휘관의 관심을 집중하여 추진하고 있는 과제와 연관성 있게 조언한다.

둘째 업무예측과 시행착오 최소화를 위한 첩보를 제공하고 참모부 추진실태를 파악하고, 참모와 유기적인 협조를 통하여 제반자료 첩보획득, 지휘관 의도 숙지, 조언내용 불완전할 시에는 상급 주임원사에게 문의 후 조언하는 등 매 사안에 대해 세밀하고도 정확성을 기하여야 한다.

셋째 지휘관의 입장을 고려하여 단독으로 조언하고 항상 지휘관을 부담스럽게 또는 곤란한 입장이 되지 않도록 유의하며, 지휘관이 판단할 수 있는 여유 있는 조언을 한다.

넷째 지휘관이 공식적으로 결심 내리기 전에 가능한 한 진실을 알리도록 최선을 다하고 일단

내린 결심에 대해서는 누구보다 모든 역량과 충성심을 가지고 보좌한다.

2.2. 부사관 인사관리

부사관 보직판단 및 결정에 대해 참여하고 인사 실무자 보직 건의안 작성 시 의견을 제시하고 협조서명을 한다. 부사관 관련 추천 및 심사 시 심의 의원으로 참석하고 포상·장기복무 및 복무연장, 단기 부사관 및 모범 부사관 선발, 위탁교육인원 선발, 진급지휘추천 등에 참여한다.

2.3. 교육훈련

각종 훈련과 교육실태 점검 후 문제점 및 개선 방안을 건의하고 병 기본 훈련과 주특기, 필요 시 소부대 전투에 대한 부사관 연구 강의를 주관한다. 전술훈련 시 계획수립 및 협조회의 참석 후 지형 및 기후, 대민관계, 훈련사례, 안전대책, 물자와 장비운용, 통제관 안내와 지휘소 설치, 전투근무지원 시설운용 등에 대한 의견을 제시한다.

2.4. 군기 및 내무생활 지도

① 부사관단 주관 하 내무검사 시행 시 사전계획을 작성하여 예하 대에 하달하고 실시 결과에 대해 신상필벌을 적용한다.
② 내무생활지도 감독 시에는 구타·가혹행위 등 내무부조리 근절, 부대별 내무생활평가, 관심 부사관·병 상담 및 지도, 모범 내무실과 내무생활 우수자 선발과 포상, 군기와 안전사고 예방에 기여한 인원 선발 포상, 제대별 및 계층별 간담회 실시 및 결과를 조언한다.
③ 예하대 부사관에 대하여 근무자세와 품위 유지, 부대근무, 사생활 문란, 부사관 지도 및 지휘조치에 관하여 건의 한다
④ 군기교육대 설치 및 운용계획을 수립하고 군기교육 대상 인원을 선정하여 교육한다.

2.5. 복지 및 사기

부사관과 병사의 기본권 보장을 위한 활동과 사기진작, 체력향상, 위문행사 계획 및 시행, 훈련 시 복지와 사기 상태 확인 후 대책강구, 재활용품 관리 및 판매 등에 대하여 지휘관에게 건의하고 시행한다.

2.6. 부사관단 활동

각종 위문과 지원활동, 부대환경 개선, 불우전우 돕기, 주기적인 부사관단 회의주관, 부대 전통의 계승 유지 및 발전 업무 수행, 훈련 시 부사관단을 운용한 원활한 훈련준비, 전투근무지원 체계를 유지한다.

3. 부사관단 활동추진

부사관 활동에 대한 계획 수립 시 포함사항은 간담회, 지도방문, 위문과 격려활동, 교육훈련, 사기진작, 각종회의, 기타부대관리와 행사이며 계획이 작성되면 지휘관에게 보고하고 예하부대에 하달한다.

3.1. 부대관리

① 병영시설 중 전기, 급수, 난방, 목욕탕, 세면장 등은 행정보급관 즉각 조치 후 보고체계가 정립되도록 하고, 과다 예산 및 즉각 조치 불가시 격별보수비에 반영하고 전문 기술적인 정비와 보수 요구 시 상급부대 즉각 건의한다.

② 시설별, 위치별, 층별 전담관을 임명하여 관리에 대한 책임과 보수소요 발생 시 직접 정비 및 보수하고 격별보수 소요를 파악과 기록을 유지한다.

3.2. 복지시설과 의견수렴

① 병영생활에 밀접한 핵심시설은 상시 활용 상태를 유지하고 정비소요와 예산 정비기간 지연 시 병사를 교육하여 이해시키며 격별보수비 집행 시 병영 편의시설 우선 집중 보수한다.

② 각종 간담회, 애로 및 건의사항, 부대발전을 위한 제언, 기타 설문 수렴 시 구체적인 조치 계획을 지휘관 보고 후 전 병사들 대상으로 교육한다.

3.3. 의 · 식 · 주 관리

① 주요 관심품목에 대한 보급과 보유실태를 일품검사, 일석점호, 내무검사를 통한 보급품 개인소지 실태점검(일, 이병 위주 집중 점검)을 확인하고 보급품 사용상태, 일품검사 이행실태, 보급품 청구 · 수령 · 지급 실태를 지도한다.

방한피복에 대한 보유 및 관리상태를 동 · 하계를 구분하여 확인하고 계절별 취사병 복장 착용기준 이행실태를 확인한다. 취사병 동계복장은 취사모, 토시, 앞치마(동계용), 전투복(상 · 하), 장화, 필요시 야전상의를 착용한다. 하계에는 취사모, 토시, 앞치마(하계용), 반소매(상), 얼룩무늬 반바지, 하계 취사화(샌들)를 착용한다.

② 급양 감독 및 부식검수는 정밀하게, 불시 부식검수 및 동석식사를 유도하고 취사병에 대한 격려와 관심으로 음식의 질을 높이도록 유도한다. 취사병 출타 · 기상 · 취침시간을 통제하여 관심사병에 준하여 관리하고 위생상태와 화재예방대책(누전차단기, 노후배선교체, 튀

김솥 관리 등)을 강구한다.

③ 잔반최소화 착안사항으로 정확한 식수인원 판단에 의한 취사와 잔반 발생 메모를 통한 원인분석과 성의 있는 조리를 하도록 유도하고 취사장비 가용상태와 정비실태를 확인한다.

3.4. 부대역사 자료존안

① 부대역사의 산증인인 주임원사는 부대 사에 관한 내용을 정리한다. 포함할 사항은 연혁(창설, 이동 등), 역대지휘관, 부대마크(상징, 변경), 주요활동(주요전투, 작전, 훈련, 대민관계, 부대표창 등), 행사 등이다. 활용은 지휘관부임과 외부인사 부대방문, 간부전입, 전입신병 교육 시 소개하고 주둔지 내의 시설물, 수목, 상징물에 대한 자료도 발굴하여 존안한다.

② 상급부대 및 인접부대 관련사항과 대민 유대강화를 위한 부대초청행사, 주민행사 참여에 관하여 지휘관에게 조언하고 전사적지 답사 및 향토사 등을 숙지하여 지휘관 부임 및 전입간부와 병 교육 시 자료로 활용한다.

3.5. 의견수렴, 지휘조언

① 간부들과 일과 중에 자연스러운 접촉을 통한 의견수렴 방법을 활용하고 일과이후에는 독신자 숙소를 방문하여 단결활동과 간담회를 통한 의견수렴을 통하여 불만적인 요인을 제거하여 합리적인 부대 운용이 되도록 노력한다.

② 간부들의 출, 퇴근시간, 전투일일결산 종료시간(소대급), 불필요한 통제와 일과 후 임무부여, 외박 이행 실태 등 개인기본권이 보장 되도록 확인하고 지휘 조언한다.

4. 부사관 인사관리

부사관 인사관리의 책임의식을 가지고 우수 부사관 선발과 보충, 보직조정, 신상필벌 등 부사관 인사관리 전 분야에서 적극적인 의견제시 및 조언을 통해 부사관 복무 활성화에 진력해야 한다.

4.1. 부사관 보직판단

연간 손실과 보충계획을 월별, 제대별, 병과별, 계급별로 확인하고 부사관 개인 업무수행능력과 진급, 평정 관련사항, 부사관단 의견을 종합하여 보직 조정 시 의견을 제시한다. 임기 만료자는 순환보직을 건의하여 시행한다.

4.2. 부사관 근무, 사생활 지도

① 부사관 선발 시 심의위원의 다양한 분석을 통해 우수자원을 엄선하고 선발 후에는 수시면담을 통한 애로사항 수렴과 임무수행 상태 확인을 통한 격려, 저축 장려로 건전한 사생활을 유지하도록 하여야 한다.

② 독신부사관 숙소를 방문하여 간담회를 통한 애로, 건의사항을 접수하고 무절제한 음주와 불건전한 오락 등은 절제하도록 유도하는 등 개인사생활 지도에 노력해야 한다.

③ 관심부사관 지도 시에는 수시 접촉과 면담을 통한 지도와 교육, 정확한 분석을 통한 적극적인 조치, 부대와 부사관단 명예훼손 시 엄격한 신상필벌을 적용하고 주임원사 능력 초과 시에는 지휘관에게 보고 후 조치를 받는다.

5. 교육훈련

병 개인훈련을 통해서 조건 반사적인 개인전투 기술을 숙달시키고, 충 · 효 · 예 교육과 각종 정신교육 강화로 무형 전투력을 향상시켜 적과 싸우면 반드시 승리하는 정예전투 요원으로 육성한다.

5.1. 교관 연구 강의 주관

대대 주임원사는 대대 전 간부를 대상으로, 여단 및 연대 주임원사는 직할대 부사관을 대상으로 반기 1회 연구 강의를 주관한다.

과제별(정보, 기동, 화력, 생존) 연구 강의 일정을 판단하여 개인별 사전 통보하고 평가 2일전 구체적인 평가 계획을 포함하여 연구 강의를 하도록 한다.

채점표에 의한 연구 강의를 통하여 합격자는 교관임무부여와 자격증수여, 우수교관은 선발하여 포상하고 불합격자는 합격 시까지 매월 시행한다.

5.2. 교육훈련 현장지도

① 주간훈련 예정표에 반영된 과제 교육, 계획된 교육인원 참석, 건제단위 조편성에 의한 순환식 교육, 훈련과제에 적합한 훈련장 설치 등을 현장에서 확인한다.

② 훈련장에 관련된 정비 소요와 안전제한요소, 구조물 파손과 마모, 각종 페인트 도색, 교리 수정으로 인한 훈련장의 적합성 등을 수시 확인한다. 훈련장 관리 책임부대를 명확히 하고

정비 또는 보수 소요 발생 시 교육과 소요자재는 우선 지원하며 훈련장 요도를 작성하여 주임원사실에 비치한다.

[1] 주임원사실 병 기본훈련 현황유지

육군지침과 각 부대별 지침을 바탕으로 각 과제별, 제대별 정 · 부 교관 편성과 능력, 연구강의 결과와 평가결과, 훈련장 요도, 수량, 기타 보완 및 발전시킨 사항에 대한 현황을 유지하여 지휘관, 상급부대 주임원사 방문 시 관련내용을 보고하고 수시 확인과 점검으로 정확한 현황을 유지한다.

5.3. 충 · 효 · 예 교육

부대교육 계획에 반영하여 정과교육에는 지휘관시간을 이용하여 주 1시간 이상 교육하고 집중 정신교육 시에는 반기 1회, 8시간을 반영하여 체험과 실습위주로 교육한다. 생활화 교육은 병영생활 전반에 걸쳐 융통성 있게 교육한다.

6. 군기와 내무생활지도

6.1. 부사관단 주관 내무검사

월 1회 시행, 실시시기는 지휘관 승인 후 월간예정사항에 반영하고 세부계획을 작성하여 하달한다. 시행제대는 대대 주임원사는 중대, 연대 주임원사는 직할중대, 사 · 여단 주임원사는 직할부대를 대상으로 한다.

6.2. 내무부조리 근절

① 구타, 가혹행위 우려자는 전입신병 면담 시부터 보호 및 관심병사로 분류하여 지속적인 면담과 교육을 실시한다. 구타, 가혹행위자 발견 시는 규정에 의한 신상필벌로 조치한다.

② 분대건제를 무시한 비공식적인 사조직 운용여부와 병영생활 행동강령 지침 미 준수, 미보고 음주행위 근절을 위해 노력한다.

③ 소초, 격오지 등 취약지역에 대한 취약시간 위주로 순찰하고 필요시 동숙하며 순찰 간 환자파악, 애로 및 건의사항 청취, 설문수렴 등을 확인하여 관련 참모부서(군종, 헌병, 법무)에서 조치될 수 있도록 한다.

④ 관심병사는 구타, 가혹행위 우려자, 자살, 탈영 우려자, 결손가정, 정상적 교육미필, 유흥업소 종사, 이성관계 고민, 고질적 질병, 언어장애 및 내성적인 병사 등으로 구분할 수 있다. 지도하는 요령으로는 정기 및 수시 접촉을 통한 면담과 간접면담(군종장교, 군의관, 동기, 부모, 애인)을 통하여 확인할 수 있고 개인수첩과 수양록을 통해서는 확인할 수 있다. 또한 병영생활지도 상담관을 통하여 조언을 구하여 조치할 수 있다.

⑤ 관심병사의 개인 문제는 주로 이성, 성격, 신체허약(질병보유)등이며 조치방법은 문제의 핵심을 파악하여 1:1로 비밀을 보장하고 자신감을 가질 수 있도록 조치하여 준다.

부대문제는 소외, 복무 부적응, 구타 및 가혹행위, 내무부조리 등이 있으며 조치사항으로 부대의 구조적 문제점을 파악하고 자신감을 갖도록 하여야 한다.

가정문제는 가정빈곤, 부모불화, 형제갈등, 편모(계모), 편부(계부) 등이 있으며 조치사항으로 수시 접촉하여 면담과 교육, 부모, 형제와 수시 연락여건을 조성하여 주고 자신감을 갖도록 하여야 한다.

6.3. 관심부사관 상담과 지도

관심 부사관으로 분류하는 기준은 부채관련자, 상습적인 음주추태 및 음주 운전자, 사생활문란자(여자, 도박 등), 부대근무 태만 및 임무수행능력 결여자, 복무부적응자 등이다.

조치사항으로는 문제해결을 위해 1:1식 수시면담과 간접면담을 실시하고 부채와 관련하여서는 금전관련 보직은 조정하고 봉급명세서, 유흥업소 외상값 등을 확인하여 부채가 더 이상 커지지 않도록 교육한다.

일과이후에 불건전한 오락과 음주를 통제하고 주 · 야간전문대학과, 사이버대학 취학을 권장하며 각종 자격증 취득과 건전한 취미활동을 하도록 독려한다. 그러나 근본적인 문제가 해결되지 않아 개인과 부대의 명예에 손상을 주는 행동이 지속된다면 징계를 건의하고 현역복무 부적합 처리를 건의한다.

6.4. 부사관 근무요령 교육

부사관 역할과 책임의 이행실태를 확인하고, 관심 및 초임부사관 부대조기적응을 유도하며 일직근무 실태를 지도한다. 또한 부사관단 자정활동을 활성화 하여 부사관 으로서의 근무자세와 품위유지 등에 대한 선도를 하여야 한다. 상향식 결산 활성화를 위해 중대 행정보급관 통제 하 일일 결산 시, 대대는 주임원사 주관 하 주 1회, 연대는 주임원사 주관 하 2주 1회, 사단은 주임원사 주관 하 월 1회 결산하여 주요사례 종합보고와 애로 및 건의사항을 조치한다.

7. 복지와 사기

7.1. 기본권 보장

① 부사관, 병의 기본권 보장을 위해 부사관은 휴가 및 정기외박, 출, 퇴근 시간준수, 근무 후 휴식보장, 일과이후 자유시간 보장, 휴무일 보장 실태를 확인하고 병은 각종 휴가와 성과제 외출, 외박, 경계근무편성, 일과이후 자유시간, 종교 활동 여건, 각종 장비와 보급품 지급실태 등을 확인하고 조치한다.

② 의사소통을 통한 의견수렴과 현장지도, 기타 다양한 방법을 통하여 확인하고 요구사항을 분석하여 담당관들의 업무향상 노력을 독려하고 불평불만 간부와 병사들은 조치하여 부대 단결을 유도한다.

③ 초급간부 관리 시 유의할 사항으로는 주기적으로 저축실태를 확인하고 분수에 맞는 생활, 건전한 이성관계, 음주습관, 교우관계 등을 확인하여 건전한 취미를 유도하고 자신이 부대에서 중요한 존재로 인정받을 수 있도록 기회를 부여하여 준다.

7.2. 사기진작

① 삶은 질 향상을 위해 독신자 숙소 목욕시설, 세면장 난방시설 가동, 문화생활 여건 등을 개선하고 각종 자격증 취득 여건과 대학 편입 등 학업여건을 보장하여 주어야 한다. 일과 이후에는 미혼간부 식사여건과 다양한 취미활동을 할 수 있는 공간을 마련하여 주어야 한다.

② 부사관단의 단결을 위해 체육대회, 성과분석회의, 단결회식 등을 활성화하고 부사관 단비를 자녀 장학금, 불우 부사관 지원, 각종 경연대회 격려 등 투명하게 집행하여 사기를 진작시켜야 한다.

③ 연간 부사관 활동계획에 불우전우, 소년 · 소녀가장, 참전용사, 사회복지시설, 입원환자 돕기 등을 반영하여 시행한다.

8. 의식행사

8.1. 부대의식

① 각관의 임무에 명시된 임무수행 상태를 확인하고 행사장의 환경과 현수막, 앰프 등 장비가 동실태를 점검한다. 내빈 영접과 안내를 위해 사열대 좌석배열과 명찰확인, 도로안내와 안내병 배치, 도착 시 영접과 대기실 준비 등을 점검한다.

② 부사관 사기진작 행사 중 근속 30주년 기념휘장 수여식, 전역행사 등은 부대내규에 반영하고 이등병의 날, 운전병의 날, 입대동기 만남의 날 행사를 적극 시행한다.

8.2. 전입 및 전출행사

① 부사관, 병 전입 시는 부대 조기적응 유도를 위해 부사관은 지역특성을 포함한 부대소개, 지휘관 지휘의도 및 강조사항, 부사관단 편성과 활동사항, 간부소개, 기타 부대소개를 하고 병은 부대소개 및 면담과 교육을 실시하고 건강상태와 애로 및 건의사항을 수렴하여 조치하여 주고 부대 조기적응을 위한 지도를 한다.

② 전역 시에는 부대에 대한 애대심과 군을 신뢰할 수 있도록 따뜻한 환송을 위해 부사관은 부대별 내규에 위한 행사계획, 기념사진촬영, 서류, 금전, 이사관계 정리, 간부인사 및 환송을 하여 주고 병은 면담 후 격려 다과회 또는 동석식사를 하면서 전역소감과 건의사항을 접수하고 환송하도록 하여야 한다.

제3장

지휘관(자) 부사관

제1절 신병교육대 중대장, 구대장

1. 개요

중대를 지휘통솔하고 교육훈련과 전투준비, 중대원 군기확립, 단결도모, 사기유지, 부하신상파악, 애로사항 조치 및 건의, 병영생활지도 및 감독, 장비 및 물자사용 가능 상태를 유지한다. 중대장은 매사에 솔선수범하며 상관 및 부하의 입장에서 생각하고 반드시 적의 입장에서 생각하고 연구하는 실전적인 교육훈련을 실시한다. 법규를 준수하고 부대를 합리적이고 치밀하게 관리한다.

2. 역할과 책임

2.1. 중대장

중대장은 교육대장의 지휘아래 중대 훈육요원에게 임무를 부여 임무수행 간 통제, 교육, 지도, 감독하며 후보생의 훈육을 계획하고 실시간 문제점과 발전, 보안시킬 사항을 염출하고 분석하여 임관 후 야전에서 즉각 임무수행이 가능한 초급 부사관을 양성할 수 있도록 훈육에 중점을 두며 후보생간의 내무생활 간 불편함이 없도록 시설물 점검과 보수, 내무생활을 지도하며 훈육요원의 훈육행위에 대한 통제, 의사소통 활성화, 훈육요원과 후보생의 사기, 복지, 단결, 사고예방, 신상파악 등 병영생활 전반에 대한 사항을 지휘 통솔한다.

중대장은 중대 모든 재산(시설, 장비, 보급물자)등을 관리하고 교육훈련을 준비하고 실시하며 주간 훈육계획을 작성하여 실시하고 결과를 분석하여 훈육에 반영한다.

중대장은 부대환경유지와 개선, 군기유지 및 안전 활동과 부대원의 복지향상 도모, 지휘관의 규정과 방침을 명찰하고 훈육요원, 후보생의 인사상의 문제를 교육대에 건의한다.

3. 훈육 및 행정

3.1. 가입교전 확인사항

① 보급품 정비: 침구류세탁, 폐 · 정비품 교체
② 교재 및 교육소모품 수령과 분배
③ 부대환경정리
④ 훈육요원 연구 강의 계획수립과 보고
⑤ 훈련소 및 야전부대 입교병력 확인 - 훈육요원 과목 연구 강의 점검
⑥ 입교 준비 사열
⑦ 교육과 훈육 성과분석 보고 준비
⑧ 입교현황, 명령지 확인 : 구대편성
⑨ 훈육, 행정서류 인쇄 건의 : 양식 토의
⑩ 편의시설 점검 및 수용준비
⑪ 입소대 방문협조(인성, 지능검사 결과)
⑫ 가입교 계획수립과 토의
⑬ 주기표, 계급장 확인
⑭ 수송차량, 병기 수령, 강의실 건의
⑮ 기본반 육군훈련소 생활지도기록부 협조

3.2. 가입교시 확인사항

① 입교병력 확인, 수송, 보급품 점검
② 부사관단 환영행사 장소 확인
③ 교번부여, 총원명부 작성
④ 온수목욕협조
⑤ 보관금 회수, 교육대 반납
⑥ 소양평가 장소 확인
⑦ 병기수령 확인 감독
⑧ 입교자원 분석 보고 준비
⑨ 임관 불 희망자 교육대 보고
⑩ 예비역 입교자 학교장 간담회 준비

⑪ 후보생 활동복, 활동 모 수령
⑫ 입교식 지휘자 선발, 예행연습
⑬ 선배기수 간담회 확인
⑭ 평가실 총원명부 작성, 보고
⑮ 기타 임무수행

3.3. 입교 후 확인사항[2)]

3.3.1. 입교

① 입교식행사 참석
② 예비역 입영통지서 종합, 제출 : 교육대
③ 총기탁본 확인, 교육대 제출
④ 퇴교자 교육소모품, 피복 반납
⑤ 임관 불희망 인원 명령확인 - 보관금, 봉급, 보관물품 불출
⑥ 일일, 주차 훈육 계획 작성, 시행
⑦ 주간훈육 성과분석 후 교육대 보고
⑧ 총원명부 발송 : 학처, 교육대
⑨ 관심, 보호교육생 관리방안 마련

3.3.2. 생활관

① 자질 부족자
② 예비역 입영통지서 종합, 제출 : 교육대
③ 총기탁본 확인, 교육대 제출
④ 퇴교자 교육소모품, 피복반납
⑤ 임관 불 희망 인원 명령확인
⑥ 일일, 주차 훈육계획작성, 시행

2) 2018년 육군훈련소 4주, 육군부사관학교 17주 교육후 임관한다.

3.3.3. 훈련

① 상호평가실시

② 유격 복귀 행군 통제

③ 일일, 주차훈육계획 작성

④ 유격장 병력수송

⑤ 주간 교육, 훈육성과분석 준비

3.3.4. 훈련, 훈육

① 임관서류 회수 및 종합

② 훈육평가 중간성적 확인

③ 일일, 주차훈육계획 작성

④ 자질부족자 2차 심의결과 보고

⑤ 주간 교육, 훈육성과분석 준비

3.3.5. 훈련종료, 임관준비

① 단결활동 계획수립, 보고

② 관찰기록표, 생활기록부 작성 상태확인

③ 자력철, 자력표 확인

④ 교육수료서류 수령, 지급

⑤ 일일 주차 훈육 계획 작성, 시행

⑥ 복장정비, 점검

⑦ 주간교육, 훈육성과분석 준비

⑧ 훈육평가 최종성적 상신

⑨ 총기반납 확인, 감독

⑩ 교육생 성적 확인, 상장 준비

⑪ 보급품 정비계획 수립

⑫ 각종교범 회수

⑬ 의류대 택배확인

⑭ 공한기 부대 운용 계획 수립, 보고

3.4. 일일 업무 수행사항

3.4.1. 일과 전

부대출근과 동시에 담당구역 순찰을 통한 환경정리 상태를 확인하고 중대 동숙근무자, 교육대 당직사령을 통한 야간 유동병력 및 특이사항을 확인 후 부대일지 기록상태를 확인하고 결재한다. 확인사항은 상급부대 순찰자, 지시사항 조치여부, 각종 서류 작성상태 등이다.

금일 실시되는 교육훈련, 후보생 복장, 장소별 위험예지 훈련을 실시하고 일일 훈육착안사항으로 주간 훈육계획과 일치여부, 교관 교육내용 숙지, 훈육과제와 교육장소의 적합성, 교안 및 관련근거 준비여부를 확인한다.

3.4.2. 일과시간

교육대 상황회의 참석 후 중대 훈육요원의 업무를 지시, 감독하고 근무명령서 작성상태(36시간 전 후보생 통보여부)를 확인한다. 편의시설물인 화장실, 세면장조명, 환기상태, 전기, 급수 등 내무실, 목욕탕, 체력단련장 등에 대한 소독과 청결을 유지한다.

지휘관 지시, 강조사항 실행상태와 교육훈련 현장지도를 통한 안전사고 예방활동, 각종 상급부대 보고사항 확인, 행정서류 기록상태 감독, 일품검사 확인과 기타 부여된 임무를 수행한다.

3.4.3. 일과 후

지시사항 이행여부를 최종확인하고 생활보안 점검, 규정과 원칙준수, 분대건제단위유지, 임무분담제 이행상태 확인, 각종 내무부조리 척결활동을 한다. 각종 보급품, 화기손질 및 정비 상태, 일일 훈육성과분석, 부사관 활동결과 작성, 기타 동숙근무자에게 전달 및 지시사항을 하달한다.

3.5. 주간 업무수행 사항

① 차주 훈육계획과 주간 훈육성과 분석을 작성하여 보고하고 내무검사를 통한 부대 환경상태 개선과 보존, 비품 관리상태를 확인한다. 차주 작업계획과 수립과 책임할당을 위해 3주 전 계획을 수립하고 부득이할 경우 1주일 전 작업계획을 수립 후 주간교육훈련 및 부대운용에 차질이 없도록 해야 한다.

② 교육생 복장, 두발상태를 점검하고 활동사항을 종합하여 개인별 파악 후 조치결과를 보고한다. 병원관리 분야에서는 교육생 상호 불건전행위를 척결하고 관심 및 보호교육생을 관리하며 사생활 문란자는 건전한 생활을 하도록 유도한다. 피복과 침구류는 일광소독을 하며

식기, 쓰레기분리수거장, 배수로 등 취약지역 주1회 이상을 소독한다. 계절성 질병과 전염병예방인 눈병, 말라리아, 유행성 출혈열, 온열손상, 동상 예방에 관심을 가지고 조치한다.

③ 시설관리 중 막사내부 보온대책과 급수, 목욕시설은 문제가 없는지 확인하고 주기적으로 시설 보수사항을 건의하여야 한다. 기타 내무실, 창고 막사내의 편의, 복지시설 등에 화재 취약요인은 없는지, 규정된 총기와 탄약, 수불절차와 열쇠관리는 규정에 의거 준수하고 있는지 확인한다.

3.6. 월간 업무수행 사항

매월 마지막 주 근무일에 전투지원 태세확인의 날 행사시 장비지휘 검사 및 선정품목에 대한 재물조사와 안전점검의 날 행사를 병행한다. 소화기, 소화전을 점검하고 점검표에 기록하며 부대 운영비 사용결과를 보고하고 부대일지를 교체한다. 병력결산과 군기강 쇄신 추진평가회의 시행 후 부대일지에 기록하고 위생구를 수령하여 지급한다.

3.7. 분기 업무수행 사항

분기별 일품검사 계획을 행정보급관에게 확인하고 분기계획은 주간단위로 검토, 수정하여 주간 교육훈련 예정표에 반영한다. 부대 정밀진단을 실시하고 결과를 보고하며 각종 행정서류철을 확인하고 격별보수비 사용계획을 수립하고 집행한 결과를 보고한다.

3.8. 반기 업무수행 사항

구대장 연구 강의 계획수립, 부대단결활동 계획 수립 및 보고, 월하 · 월동 준비계획 수립보고, 동계 · 하절기 사고예방 교육, 제초작업 · 제설작업 통제, 침구류 세탁계획 수립하고 실시한다.

3.9. 연간 업무수행 사항

체육활동비 사용계획 수립 및 집행결과, “설”과 “추석”연휴 간 부대 운영 계획을 교육대에 보고하고 각종 검열 및 지도 방문과 재해 재난대비를 준비한다. 재산대장 이기작업을 확인한다.

3.10. 기타 업무수행 사항

① 입교준비사열시 교안을 비롯한 교육보조재료 준비, 훈련복, 침구류, 장구류 정비와 세탁을 실시하고 기별 교육과 훈육에 대한 성과분석을 하여 차기에 적용하는 방안을 마련한다.

② 교육대장 통제 하 입교식을 준비하고 교육생 총기 수령과 탁본을 종합하여 교육대에 보고하고 기타 지시된 업무를 수행한다.

4. 전투장비와 금전 관리

① 장비의 질적 평가는 완전임무수행이 가능한 “A”, 임무수행이 제한되는 “B”, 요정비는 “C” 폐품 및 도태장비는 “D”로 구분한다. 정비의 1, 2단계는 부대정비, 3, 4단계는 야전정비, 5단계는 창정비를 실시하고 장비정비의 직접책임은 개인과 분대장, 반장, 소대장, 담당관이며 책임사항은 지급장비의 취급, 예방정비, 보급 장비에 대한 관리감독이다. 장비의 검열은 지휘, 기술, 불시 검열로 구분된다.

② 보관금 회수의 목적은 금전 도난을 예방하고 절제된 생활습관, 후보생 상호간 금전거래로 인한 갈등제거, 상호간 금전거출, 모금행위 통제를 위해 실시한다. 입교 시 소지한 현금은 입교당일 해당 구대장이 직접 회수하여 중대장 또는 행정보급관이 확인 후 교육대장과 연대장 결재 후 경리실에 입금한다.

후보생은 내규에 규정된 금액을 제외하고는 훈육요원에게 제출해야하고 면회 후 추가 보관금 발생 시에도 동일하게 제출한다. 외상거래를 일체 금지하고 품위유지 및 부채방지를 위해 신용카드는 사용을 금지하며 금전거출은 사전 연대장의 승인을 얻어야 한다.

5. 교육훈련

5.1. 영내 교육간 확인사항

학과출장 후 내무실 정리정돈과 담당구역 청소를 확인하고 환자현황을 종합하며 오물수거용 마대를 불출한다.

하절기 후보생 런닝용 명찰을 준비하고 교범과 교재 수령하여 불출하고 자율학습여건 조성과 올바른 언행, 시설물 사용요령에 대해 교육한다.

5.2. 야외 교육간 확인사항

개인장구류와 보급품 질적상태를 확인하고 식사 추진 시 온수를 준비하며 집중호우와 강설 시에는 전투복 교체와 방한대책을 강구한다. 혹서기에는 식염과 백반을 준비하고 야간교육 복귀 후에는 온수목욕을 할 수 있도록 한다. 교탄과 활성 교보재를 수령하여 교관에게 인계하고 대민피해 근절에 대한 관심과 보급품 분실에 예방에 대한 교육을 실시한다.

5.3. 유격훈련

훈련 차량을 신청하고 치장물자와 식사 추진 시 교통법규를 준수하며 인원과 화물은 혼합적재를 금지한다. 주기표 제작과 총기 피탈끈을 불출하고 구급약을 사전준비하며 훈련물자와 식사추진, 전투화 뒷굽 등 각종 보급품을 정비한다.

6. 부대관리 확인 준비사항

준비사항	임무
교육생관리, 신상파악	관심후보생, 자질부족자 면담, 부대소개와 정신교육, 부모님 안부, 전화 여건보장, 퇴교심의준비
내무생활	내무실 비품조치, 내무생활 임무분담제 편성, 내무부조리 척결, 담당구역 청소상태 확인
행정병 관리	면담철 작성과 관리, 보관금 통장 관리, 외출, 외박, 휴가 시 정신 교육, 업무조정과 통제, 애로사항 파악과 조치
외출, 외박, 면회통제	안내병 배치, 주차장, 식당사전협조, 면회 미실시자 별도 격려, 면회통제, 구대장 임무수행 상태확인
총기관리	훈련전·후 총기수불 상태 확인, 총기 수불대장 기록유지, 사고자 총기 관리, 야간 열쇠 인수인계 철저, 내무실 병기함 열쇠 통합관리, 이중 잠금장치와 총기피탈방지 교육, 사격전 총기 작동상태 점검, 손질도구 확보 후 불출, 총기 일일 결산 실시, 화재 시 신속히 이동 할 수 있도록 제작
탄약관리	교탄수령 시 실셈확인, 교장추진과 교관에게 인수인계, 고폭탄, 축사탄 수령 시 혼합적재 금지, 불발탄지역 표시, 교탄, 활성 교보재 회수, 은닉탄 습득 시 반납
교통사고	차량 선탑자 안전사항 준수(훈련장 위치, 이동도로, 차량상태, 사고다발지역 서행, 운전병 감독, 혼합적재 금지), 간부자가차량 보험가입여부 확인
화재사고(시설)	방화대 편성표비치, 누전차단기 작동상태 점검(월1회), 비인가 전열기구 사용여부 확인, 소화기, 소화전점검, 창고 후레쉬 비치, 인화물질 제거
화재사고(산불)	훈련장 흡연행위금지, 인접소방관서 연락처확인, 신호탄, 예광탄 수령시 안전교육
재해사고	악천후 기상시 교육지원 소요확인, 혹서기(냉수, 얼음, 수건조치, 내무실 온도 강하대책), 혹한시(방한피복, 내무실 열관리, 보온대책강구)
시 설	각종 편의시설 일일점검, 격별보수비 운용집행결과 근거유지(부대 일지, 건물이력카드, 보수실적 등)
장비, 보급품관리	일품검사 계획수립과 시행, 개인화기 수리부속 확인, 각종 장비수령 및 반납 시 정비 상태점검, 전투지원 태세확인의 날 행사 시행
보안	기간병 정신보안교육(후보생 면회 시 군사보호구역 출입통제), 전산보안대책 강구
대민	식사추진, 교탄 추진 시 도로주변 경작지훼손 주의

준비사항		임무
경리		후보생 보관금 회수 및 입금, 부대 운영비 등 기타예산수령 집행, 예산항목전용금지
기타	춘계	식사, 교탄 추진 간 운전병 졸음방지 대책
	하계	급양감독 시 부식, 조리상태 확인, 제초작업 시 보안경, 정강이 아대 착용, 행정병 출타 시 익사예방교육, 낙뢰시 전원코드 제거, 무선 사용제한
	추계	뱀 잡는 행위금지, 벌집제거 시 안전통제
	동계	방한피복 확보, 동상환자 조치, 저체온 증 증상 발생 시 응급처치

7. 지휘권교대 및 합동근무

7.1. 업무인수 시 확인사항

7.1.1. 작계관련사항

① 중대장 업무편람인수

② 전투세부시행규칙 인수를 통한 전투수행방법 확인

③ 전임중대장의 작계시행훈련결과

④ 작계관련 각종 제원 확인

⑤ 전임자와 중대진지 현지 전술보행(기동, 화력계획, 전투시설물 인수)

⑥ B/L탄 및 장벽자재 저장위치 및 현황확인

⑦ 음어, 통신확인표 등 비문과 군사지도 인수 등 확인

7.1.2. 전투장비, 물자, 시설물

① 편제화기 보유현황 및 가동상태(사격부수기재 및 수리부속품 포함)

② 특수 장비(야시장비, 쌍안경, 나침의 등) 성능 발휘 및 망실여부

③ 화생방 장비 및 물자 현황과 보관상태

④ 통신장비 인수와 입고장비 현황

⑤ 중대관리 시설물현황(내무실, 화장실, 세면장, 창고, 기타 편의 복지시설)등 확인

7.1.3. 교육훈련 관련사항

① 훈련장 및 교보재현황과 관리상태

② 중대교육훈련 수준, 교육훈련 관련 각종 행정철, 부대훈련 지시 숙지

7.1.4. 인사 관련사항

① 소대별, 중대본부 병 생활지도 기록부 기록상태
② 보호관심 병사현황 및 관리
③ 인사업무 관련 통계자료(사고현황, 환자, 파견자, 유단자 등)
④ 지역 주민과의 유대관계를(대민지원 실태) 강화한다.

7.1.5. 기타

① 상 · 하 인접부대 관련자 방문인사
② 전임자의 지휘성공, 실패담 경청
③ 전임자 근무 간 각종 특징적 일화와 부대전통 계승

7.2. 합동근무요령

7.2.1. 1일차

① 대대장 신고(인사)
② 대대일반현황 및 작전계획 설명(작전)
③ 대대장 지휘중점교육

7.2.2. 2일차

① 작전지역 합동지형정찰 및 작계숙지(중 · 소대 전투세부시행규칙)
② 교육훈련 수준 및 취약분야 확인
③ 교장 현지정찰
④ 교안과 교보재 확인(업무일지, 성과분석철, 전투세부시행규칙)

7.2.3. 3일차

① 일일, 주간 월간의 중대장 확인점검사항(임무수행철)
② 보급품 및 장비현황(중대 재산대장)
③ 내무생활 및 관심병사 관리
④ 병 생활지도 기록부 확인

7.2.4. 4일차

① 주둔지 경계 및 일직근무 요령

② 중대의 취약점, 당면과제
③ 이 · 취임식

7.2.5. 합동근무 간 중점파악사항

① 상급지휘관 지휘중점, 강조사항, 성격 및 지휘특성
② 중대의 강 · 약점(관심훈련병, 사기, 훈련 수준 등)
③ 작전지역 지형 답보(중대진지, 작전계획)
④ 상급 및 인접부대 위치확인
⑤ 부대내규, 작전예규, 교육훈련 규정 숙지

7.2.6. 인수인계 사항

① 업무수행에 필요한 정보와 자료 획득
② 명시된 항목에 대한 사항을 세부적 확인
③ 중대장 업무 수행철, 각종 훈련계획 분석 바인더
④ 부하 신상관리(병 생활지도 기록부)
⑤ 훈련복안서 철, 실습계획표 철, 기타 참고서류철(부대일지, 각종 공문 철)
⑥ 5분 전투대기 상황판, 교육상황판, 메모식 교안(정신교육, 병 기본, 주특기교육), 교육훈련 관리철
⑦ 진지와 장비, 건물 이력카드 등 각종 문서 인수

제2절 분대장, 반장

1. 개요

분대, 반을 지휘통솔하고 분대건제를 유지하며 분대원의 군기확립과 단결을 유지한다. 내무생활지도, 분대원 신상파악, 애로사항을 조치하고 분대원 교육훈련 지도와 분대 전투준비태세, 장비 및 물자사용 가능상태를 유지한다.

분대장은 솔선수범하고 분대원보다 체력과 정신력이 강해야 하며 전투지휘와 분대원 교육훈련 지도능력을 갖추어야 한다. 또한 분대원의 애로사항을 찾아서 해결해 주는 분대(반)장이 되어야 한다.

2. 분대장의 책임과 권환

2.1. 분대장의 책임

① 분대 대표, 상향식 일일결산, 애로사항 파악, 보고, 조치
② 전입신병 신상파악, 및 보호자 역할
③ 보호, 관심병사 면담 및 관찰
④ 출타자 군기교육 및 내무부조리 색출
⑤ 교육훈련 지도 및 보급품, 장비관리

2.2. 분대장의 권한

구분	휴가/외출/외박	포상	징계	진급
내용	건의	추천	회부건의	모범병사 추천, 억제자 건의, 중대 심사위원

구분	상 · 벌점	신상파악	평가 및 점검
내용	건의	면담, 건의	내무생활, 교육훈련, 보급품 관리(점검)

※ 결정권은 없으나 건의 · 추천권이 있음

2.3. 분대대표, 상향식 일일결산, 애로사항 파악, 보고, 조치

① 전입신병 신상파악 및 보호자 역할

② 보호 관심병사 면담 및 관찰

③ 출타자 군기 교육, 병영부조리

④ 교육훈련 지도

⑤ 보급품 및 장비 관리

2.4. 분대장 일일결산 시 필히 확인 점검할 사항

첫째 : 나와 분대원들은 오늘 누구를 때리거나 맞은 적이 있는가?

둘째 : 나와 분대원들은 오늘 올바르지 못한 언어를 사용하거나, 다른 사람으로부터 폭언, 욕설을 들은 적이 있는가?

셋째 : 나와 분대원들은 오늘 성군기 위반행위를 했거나, 성관련 피해를 당한 적이 있는가?

넷째 : 나와 분대원들이 오늘 인접 전우의 자살, 각종사고 유발 징후를 관찰했거나 발견한 적이 있는가?

다섯째 : 우리 분대원들은 각 개인의 기타 애로사항은 무엇인가?

2.5. 분대장 관찰일지 작성 활용

① 관찰일지 작성이 부담이 되지 않도록 일일결산 시 필히 확인해야 할 사항 위주로 작성

② 관찰일지는 검열대비 전시용보다는 실질적인 사고예방이 될 수 있도록 핵심요소를 놓치지 않는 것이 중요

2.6. 분대관리 책임자 의무 강화

① 분대장은 분대원에게 일어난 모든 구타 및 가혹행위, 폭언 · 욕설, 인격모독, 성범죄 및 군기위반 사고, 자살, 총기관련 악성사고 등 각종사고에 대한 예방책임이 있다.

② 분대장은 일일결산 시 필히 확인해야 할 5가지 사항에 대해 사전인지 시 실시간대 적시적인 지휘계통 보고를 해야 하며, 보고를 받은 지휘자(관)는 즉시 지휘조치를 해야 한다.

※ 사전 인지 후 미보고, 은폐, 왜곡 시 해당 분대장 처벌

2.7. 24시간 분대 건제유지 세부활동(예)

2.7.1. 일조점호 및 각종 집합 시

① 분대단위 직책 순으로 건제유지 병력 집결

② 분대장은 필히 부대 가장 선두에 정렬(열중에 서는 행위 금지)

③ 분대원이 1명일 때도 타 분대와 통합하여 정렬 금지

④ 중 · 소대 인원파악 시 분대장이 인원파악 및 보고하고, 분대장이 부재중 일 때는 부분대장이 보고

⑤ 일조점호 종료 후 일직사관 인솔 하 건제단위 이동 및 구보실시

2.7.2. 병영생활 및 근무편성 시

① 분대장부터 부분대장까지 건제순으로 관물대 편성

② 타 생활관, 타 분대 관물대 사용 및 취침금지

③ 근무편성 시 복초근무자는 반드시 동일 분대원으로 편성

※ 근무편성 후 잔여인원 발생 시 타 분대원과 혼합 편성금지

④ 분대단위 행동으로 음성적 비공식 조직 일소

⑤ 타 분대장 및 선임병에 의해 자행되는 구타 및 가혹행위 발견 즉시 상급 지휘자(관)에게 보고

⑥ 선임 분대장 제도는 폐지하고 분대장을 활용, 윤번제로 근무

2.7.3. 식사집합 및 식사 시

① 식당 이동시에는 분대건제를 유지한 가운데 당직사관(분대장)인솔 하에 이동

② 분대별로 식탁을 지정하고 분대장 통제 하 직책 순으로 입장 및 복귀

③ 분대원이 전원 집합하여 함께 식사하고 타 분대와 식탁 혼합 사용금지

※ 식당 공간 부족 시 분대 단위를 시간제 교대식사

④ 경계근무 및 기타 부여된 개별임무로 분대원이 함께 식사를 못할 경우 보온밥통에 별도의 식사준비

⑤ 이등병부터 분대장순으로 식사를 배식하고 식사가 끝난 후 분대원 전체가 함께 이동식기 세척기는 후임병부터 식기세척 여건보장

2.7.4. 부대교육 훈련 및 작업 시

① 분대 건제단위 교육 집합, 교장인솔, 훈련, 정비실시

② 전투편성표에 의한 직책수행 훈련 실시

③ 분대원 장악 및 위험 예지교육 실시

④ 교육 및 작업을 해야 하는 근본취지 목적교육

2.7.5. 분대 신병 전입 시

① 중대장 신고 시 소대장과 같이 배석하고 분대 배치 시 분대장이 직접 의류대를 운반

② 전입신병 해당 분대장만이 실시

③ 분대 도착 시 전 분대원에게 소개 및 환영

④ 분대장 주관 하에 관물대에 개인명찰 부착 및 관물대 정리

⑤ 보급품 확인 후 부족물자 보충(교체) 건의

2.7.6. 기타 활동 시

① 분대장은 자기 분대원의 위치를 항시 파악 유지

※ 점호행사시, 식사집합시, 인원파악시, 일과중, 자유시간, 체육 활동 시, 담당구역 청소 시, 작업 시, 교육훈련 시, 부대이동 시, 정훈활동 시, 기타 활동 시

② 분대장은 분대원이 개별 활동을 할 경우, 복귀 예정시간 내 미도착시 위치확인하고 필요한 조치를 해야 한다.

③ 청소 담당구역 임무부여 시 분대단위 실명제 실시

④ 운동경기 시 분대별 건제유지 하에 팀 편성 운동

⑤ 분대장은 분대원 진급 시 관물대와 병 기대 명찰을 직접부착 및 격려

3. 분대원 관리요령

3.1. 분대원 신상파악

3.1.1. 중 점

① 성장환경 : 가정환경, 학교생활, 종교생활, 교우관계, 입대 전 직업 등

② 개인특성 : 성격, 육체적·정신적 건강 및 신체조건, 적성, 취미, 등

③ 부대생활 : 내무부조리(병영생활 행동강령 위반행위 포함), 교육훈련수준, 대인관계 등

④ 당면문제 : 가정, 이성, 보직, 근무, 개인기본권(휴가, 외출 및 외박, 근무 등)등에서의 애로 및 고민사항

※ 사회발전 추세에 따라 신상파악 내용도 보완해야 한다.

3.1.2. 신상파악 시 착안사항

① 상대방이 자연스럽게 이야기 할 수 있는 분위기를 유도한다.

※ 수사관이 용의자를 신문하듯이 하는 신상파악은 도리어 역효과가 발생한다.

② 감시당하고 있다는 느낌이 들지 않도록 신상 파악한다.

③ 말을 하기보다는 듣는 입장에서 대화한다.

④ 신상파악 시 인지한 내용은 특별한 경우가 아니면 문제 삼지 않는다.

⑤ 어느 한 가지 방법으로 파악한 결과를 신봉해서는 안 된다.

⑥ 신상파악내용은 보안유지 철저히 하라.

※ 부대여건 고려 다양한 창의적인 방법 강구

3.2. 전입 분대원(신병)관리

3.2.1. 신병 도착 시

[1] 조치, 지도요령

① 환영, 개인면담 실시, 중대장 신고(분대장 및 소대장 배석)

② 분대장이 의류대를 들고 소대 생활관 이동

③ 소대원에게 소개(소대장 실시)

④ 관물대에 사진부착, 관물정돈 및 명찰을 부착해 준다.

[2] 분대장이 분대원에게 신병을 소개해야 하는 이유

신병에 대한 개략적인 소개이후 분대원 개개인별로 신병에게 신상을 묻는 일이 없게끔 하기 위함이다.

[3] 분대에 전입 시 기본적인 욕구를 해결해 줘라

용변, 세탁, 의식주 등

[4] 전입이후 주기적으로 신병의 군용물품을 확인하라.

신병이 일부러 선임병과 군용물품을 바꾸는 경우는 없다.

[5] 잘못된 관행

① 신고연습(신고연습은 행정보급관 주도하에 자상하게 이루어 져야 한다. 행정병 및 분대장에 의한 신고연습은 악습이다.

② 분대 및 소대신고(신고는 중대장 1회로 끝난다.)

③ 비공식 조직에 의한 신고(분대장 빛 부분대장과 기타 병사에게 신고를 하게하는 행위는 명백한 악습이다.)

3.2.2. 부대 전입 ~ 3개월

[1] 조치, 지도요령

① 부대전통, 시설배치, 위험지역, 규정교육

② 애로사항 접수, 파악, 소대장에게 보고 후 조치(반드시 권한 밖의 애로사항은 보고)

③ 임무수행 요령 집중교육(분대장 실시 : 단, 암기강요행위 절대 금지)

④ 진심에서 우러나오는 반가운 마음으로 친절하게 맞이해줘라.

⑤ 신병은 반드시 분대장에 의해서 지도되고 적극적으로 보호되어야 한다.

⑥ 신병 전입 시 계속적으로 고운 말 쓰기 운동을 반복해라. 그러면 분대는 점차 친숙하고 부드러운 분위기로 바뀌어 진다. 계속 반복하라.

⑦ 분대원에게 신병에 대해 1일 1칭찬을 실천하게 권장하라.

⑧ 선임병의 장난 질문을 금지시켜라(신병에게는 상당한 스트레스이다. 여러분들도 전입 때를 기억할 것이다).

[2] 잘못된 관행

① 5대 금지사항 위반(홀로서기 이전단계에 교육을 빌미로 암기 강요, 군기 교육 등 악습을 행하는 경우가 잇는데 이런 경우는 처벌을 원칙)

② 인격적 모독행위(잘 모른다고 하며 인격적 모독행위를 하는 경우 비 물리적 가혹행위로서 처벌을 원칙)

Tip 전입신병의 심리상태

① 새로운 환경에 홀로 서있게 되므로 모든 것이 낯설다.
② 전입 2주간 임무를 부여 받지 못하므로 소속감을 못 느낀다.
③ 앞으로의 생활이나 소대원의 특성파악이 안되므로 불안하다.
④ 무엇을 해야 할지 몰라 안절부절하게 된다.

3.3. 보호 관심병사 관리

3.3.1. 유형

개인문제	부대문제	가정문제
○ 이성문제 ○ 성격장애, 정신질환 (마약, 변태 포함) ○ 질병, 신체허약	○ 복무 부적응 ○ 병영부조리 ○ 집단소외(따돌림)	○ 가정환경 ○ 부모불화 및 형제간 갈등

3.3.2. 유형별 분류

구분	내용
기본	○ 문제 발생소지가 없는 인원 • 분대원 활용 및 주기적 면담, 확인
중점	○ 취약요인을 가진 병사로서 충동적, 우발적 행동가는 인원 • 지휘관심 경주 • 가용조직 활용, 관찰 및 면담 • 분대장 1일 1명 이상 면담
특별	○ 문제 발생 유경험자 및 특별한 관심과 지도를 요하는 인원 • 1 : 1 밀착지도 • 지휘관 의견 수렴 관리

3.3.3. 관리유형

① 신상파악 결과를 기초로 문제점을 입체적으로 정확히 파악하여 적시 적절하게 조치한다(관리보다 식별이 중요!).

② 부대 내 모든 조직을 이용하여 관리한다.

※ 분대장이 관리하는 것이 가장 효과적이다.

③ 부모, 가정, 친구, 동기 등과 연계하여 관리한다.

④ 격려 및 칭찬 등으로 군 생활에 자신감을 가질 수 있도록 하고, 달성 가능한 임무를 부여하여 성취감을 고취시켜라.

※ 다양한 창의적인 방법 강구

3.4. 병영부조리 근절

3.4.1. 자살

자신의 욕구가 좌절될 때 심리적 변화를 일으켜 현실도피의 수단으로 스스로 목숨을 끊는 행위

[1] 자살의 동기

① 두려움

② 수치심

③ 증오심

④ 자기학대

⑤ 사랑의 실패

[2] 자살의 위험요소

① 개인적 요소

② 가정적 요소

③ 사회적 요소

④ 부대적 요소

3.4.2. 자살에 대한 편견

① 자살하려는 사람은 정신적으로 병들어 있다.

⇒ NO! 단지 위기에 부딪혀 고통 받고 있을 뿐입니다.

② 자살하고 싶다는 사람은 절대 자살하지 않는다.

⇒ NO! 자살자의 80%가 징후를 나타냅니다.

③ 자살자는 죽으려는 의지를 바꾸지 않는다.

⇒ NO! 고민 해결가능성이 있을 때 자살의지는 소진됩니다.

④ 좋은 환경에서는 자살이 발생하지 않는다.

⇒ NO! 어려움 없이 자란 사람에게 위기는 더욱 힘든 현실이 됩니다.

⑤ 자살하려는 사람은 항상 자살만 생각한다.

⇒ NO! 자살은 진정한 조건이 없으며, 환경이 바뀌면 사람도 바뀌게 된다.

3.4.3. 자살의 징후

자살자는 의식적 혹은 무의식적으로 주변 동료들이나 간부, 가족, 친구들에게 자살의 징후를 반드시 표출하는데, 안타까운 것은 주변 전우들이 이 같은 징후를 식별하지 못하여 결국 자살에 이르게 되는 경우가 많다.

① "나는 이 세상에 안 태어났으면 좋았을 텐데" 등의 부정적 감정표출

② 급작스런 식욕저하 및 성격변화

③ 극도로 우울해하고, 불안해하며 지쳐 보임.

④ 휴가복귀 또는 훈련 전·후 비관적 내용을 메모지 또는 수양록에 작성

⑤ 최근 가족 죽음 등 어려운 일을 당하고 의기소침해 말이 없음.

3.4.4. 자살 우려자 발견 시 조치

[1] 발견 시 조치

① 확신이 들지 않더라도, 자신의 의견을 즉시 보고

② 자살시도를 못하게 혼자 있지 않도록 전우조 활동조치

③ 충동적 행동 가능성이 있는 장소에서의 활동 통제

④ 총기·탄약 등 위험한 물건을 주변에 두지 않도록 조치

[2] 정신과 치료

① 자살을 하지 못하도록 면밀한 관찰과 보호

② 항우울제, 항불안정제 등을 투여하여 불안감과 긴장감을 조절

③ 심도 있는 면담을 통하여 과거 정신적 충격과 심리적 갈등에 대한 정신치료

④ 환자 특성에 따라서 대인관계 치료, 행동치료 등 측수치료 병행

3.4.5. 자살사고 예방의 당위성

① 자살충동은 위기이며 일시적인 현상이다.
자살은 주위의 관심과 보살핌으로 얼마든지 극복될 수 있는 위기상황이다.

② 자살은 고통과 불행의 원인이다.
본인의 죽음으로 모든 고통과 문제가 해결될 것이라고 생각하지만 부모님 등 사랑하는 이들에게 미치는 고통은 말로 표현할 수 없다.

③ 자살은 귀중한 인간의 손실이다.
자살은 귀중한 인간이 무의미하게 사라지기 때문에 반드시 예방해야 한다.

3.4.6. 예방활동 체계

자살사고 예방을 위해 대부분의 부대는 우려자 식별 및 조치에 치중하고 있는데, 물론 자살 우려자 식별 및 조치가 자실사고 예방에 있어 핵심적인 문제이긴 하다. 그러나 부대관리 및 안전학습이 선행되지 않아 체계적인 부대관리가 미흡할 뿐만 아니라 장병들이 예방 마인드 및 기초지식이 없는 상태에서 자살 우려자 식별 및 조치나 징후 발견 시 적시적 보고 등이 제대로 되지 않고 있는 것이 현실이다.

[1] 부대관리

합리적이고 창의적인 지휘통솔, 의사소통 활성화, 예측가능한 부대운용, System에 의한 부대관리, 장병 근무여건 개선, 상담 및 보호 등 체계적인 부대관리가 선행되어야 한다.

[2] 생명보호 문화시스템

<table>
<tr><th colspan="2">거시적 접근</th><th colspan="2">미시적 접근</th></tr>
<tr><td>부대관리</td><td>안전학습</td><td>점검, 차단</td><td>우려자 관리</td></tr>
<tr><td>지휘통솔</td><td>마인드 및
기초지식 함양</td><td>식별체결
(징후발견)</td><td>비전캠프</td></tr>
<tr><td>의사소통</td><td rowspan="4">생명보호
의식고취</td><td rowspan="4">차단체계</td><td>가정연계</td></tr>
<tr><td>시스템화</td><td>전문가 관리</td></tr>
<tr><td>근무여건 개선</td><td rowspan="2">심도 있는
정신과 치료</td></tr>
<tr><td>상담, 보호</td></tr>
</table>

[3] 안전학습

지휘관을 비롯한 간부들의'자살에 대한 이해'로 예방 마인드를 확산 하고 기초지식을 구비, 장병들에게 생명의 존엄성 및 고난극복 의지를 지속적으로 함양시켜 나가야 한다.

[4] 점검, 차단

자살징후 목록표 활용, 상향식 일일결산, 자살심리파악 설문지 등을 활용하여 자살 우려자를 점검하고 소속부대 및 현병과 병행하여 자살사고 '목'을 차단하여야 한다.

[5] 우려자 관리

점검 · 차단활동을 통해 식별한 자살 우려자는 Visin Camp 입소, 부대 · 가정 · 전문가(군종, 군의)에 의한 입체적 관리, 치료 등이 병행되어야 한다.

3.4.7. 결 론

자살은 반드시 예방할 수 있다'는 확고한 자살예방 마인드와 예방 기초지식을 갖고 노력한다면 자살은 반드시 예방할 수 있다. 자살사고 예방을 위해 중요한 것은 '자살에 대한 이해' 단계에 그쳐서는 안 되며 이를 바탕으로 반드시 예방을 위한 실천이 이루어져야 한다. 즉 'Knowledge is Power'가 아닌 'Action is Power'라는 가치를 가져야 한다. 자살예방의 시작은 '관심'에서 출발한다. 이제 주변을 살펴보고 전우의 미세한 감정에 귀를 기울여 볼 줄 아는 간부가 되자.

3.5. 성군기 위반 사고예방

3.5.1. 성군기 위반사고

성을 매개로 상대의 인권을 침해하여 성적 수치심이나 혐오감을 불러일으킬 수 있는 성적 가해 행위, 성적접근, 성적 요구, 성과 관련된 언어나 신체적 행위를 포함하는 일체의 행위에 의해 군 기강문란, 부대단결 저해, 군 명예 실추를 초래하는 모든 성관련 범죄

※ 유형 : 성희롱, 성범죄, 기타 성군기 위반

3.5.2. 성군기 위반 유형과 정의

[1] 성희롱 사고

성희롱이라 함은 지위를 이용하거나 업무 등과 관련하여 다음과 같은 행위를 하는 것을 말한다.

① 상대방이 원하지 아니하는 성적 의미가 내포된 육체적 · 언어적 · 시각적 행위로 성적 굴욕감 또는 혐오감을 느끼게 하는 행위

② 위의 행위에 대한 불용이나 성별 차이를 이유로 복무, 근무평가, 조건사기 · 복지 등에서 불이익이나 불공정한 환경을 조성하는 행위

③ 성희롱에 해당하는 행위를 한 자에 동조하는 자가 정신적인 협박이나 물리적인 강압 및 다른 수단으로 피해자에게 상당한 피해를 주는 행위

[2] 성범죄 사고

형법, 성폭력 범죄의 처벌 및 피해자 보호 등에 관한 법률, 군형법 등에 명시되어 있다.

① 강간, 강제추행, 간통, 혼인빙자간음, 미성년자 간음 및 추행 사고

② 업무상 위력에 의한 간음, 공중 밀집장소에서의 추행, 통신매체를 이용한 음란, 카메라 등을 이용한 촬영

③ 군형법 제92조에 명시한 성추행(계간) 등

[3] 기타 성군기 위반사고

성범죄의 구성 요건에 해당하나, 친고죄로서 고소가 없는 경우 등 공소요건이 갖추어지지 않아 형사처벌을 할 수 있는 사고 및 기타 품위유지 의무에 위반한 성관련 사고

[4] 성군기 사고예방활동

① 성군기 위반과 관련된 법규를 명확하게 숙지

※ 군형법 제 92조(성추행한 자는 2년 이하의 징역에 처한다.)

② 병영 내 성군기 위반 사고예방 활동

㉮ 침낭 내 동침, 성경험 발표, 연애편지 낭독 등 금지

㉯ 음란물(사진, 그림, 출판물, CD 등) 반입 차단

③ 남 녀 군인 간 성군기 위반 사고예방 활동

㉮ 남녀동석 회식 시 음주 강요행위 및 불건전한 대화금지

㉯ 회식 후 남녀군인 동석 2차 모임(술자리, 노래방 등) 지양

㉰ 남녀군인 및 군무원 2명이 사무실에 있을 시 출입문 개방

[5] 색출 및 조치

① 취약시간 및 장소 순찰 강화(생활관, 초소, 창고, 보일러실 등)

② 피해 우려자(전입신병, 예쁘장한 후임병 등) 대상으로 주기적인 설문 및 신체검사, 가정과 연계하여 파악

③ 지휘계통, 병영생활 고충 상담관, 수사기관, 내부 공익신고센터 등으로 성군기 위반자 신고(피해자, 발견 · 인지 · 보고받은 자)

④ 신고자 및 피해자 보호, 비밀유지

⑤ 성군기 위반자는 관련 법규 적용 강력히 처벌

⑥ 위반사실을 목격, 인지하고도 보고하지 않거나, 보고를 받고도 미 조치 시 사안에 따라 의법처리 및 징계조치

4. 상향식 일일 결산

상향식 일일결산의 성공여부는 분대장의 역할에 따라 달라진다. 사고예방 및 병력관리의 최일선 지휘자인 분대장은 창의적인 의사소통시스템을 활용하여 일일결산을 해야 한다.

4.1. 분대장은 사고예방의 핵심간부

① 분대장은 분대원과 같이 생활하며 24시간 퇴근하지 않는 간부로서 분대 내에서 일어나는 모든 사항을 알고 있다.

② 분대 내에서 애로사항 해결이나 병영부조리 발생을 예방하기 위해서는 분대장으로 서의 권위신장을 위한 조치와 명확한 임무를 부여하고, 권한행사를 보장해야한다.

4.2. 분대 상향식 일일결산, 분대장 관찰보고

① 시기(매일) : 부대의 임무 고려, 일과 중 가용시간 판단, 실시

※ 휴무일에도 반드시 실시

② 장소 : 훈련장, 생활관 등 장소에 구애됨이 없이 시행

※ 분대장은 병영생활 행동강령 위반사항 인지 시 즉시 보고

③ 결과보고 : 분대장 ⇒ 소대장(부소대장)

※ 자살징후, 구타 · 가혹행위, 언어폭력, 성추행 등 일일결산에 구애받지 말고, 발견 시 즉각 보고(중대장, (부)소대장)

4.3. 소대 일일결산, 관찰 보고서 포함 내용

① 나와 분대원들은 오늘 구타 및 가혹행위를 하였거나 목격한 적이 있는가?

② 나와 분대원들은 오늘 올바르지 못한 언어를 사용하거나, 다른 사람으로부터 폭언, 욕설을 들은 적이 있는가?

③ 나와 분대원들은 오늘 성관련 위반행위를 했거나, 피해를 당한 적이 있는가?

④ 나와 분대원들이 오늘 인접 전우의 자살 및 각종 사고 유발징후를 관찰했거나 발견한 적이 있는가?

⑤ 오늘 면담(관찰)을 실시한 분대원의 애로사항은 무엇이고, 출타자에 대한 면담(관찰) 결과는 무엇이며, 무엇을 어떻게 조치, 추적관리 하였는가?

⑥ 소대장(부소대장) 지시, 조치사항은?

⑦ 기타(일품검사 결과 등)

부대 유형별 상향식 일일결산 시기(일과표 고려)

<table>
<tr><th colspan="2">부 대</th><th>GP</th><th>GOP</th><th>해 안</th><th>강 안</th></tr>
<tr><td rowspan="7">일일
결산
시기</td><td>1항</td><td rowspan="4">교육, 정비,
석식 전</td><td rowspan="4">오후일과, 석식 전</td><td rowspan="4">교육훈련, 석식 전</td><td rowspan="4">오후일과, 석식 전</td></tr>
<tr><td>2항</td></tr>
<tr><td>3항</td></tr>
<tr><td>4항</td></tr>
<tr><td>5항</td><td>교육, 정비,
점호시간, 출타 전,
출타 후</td><td>오후일과, 석식 전,
출타 전, 출타 후</td><td>교육, 석식 전,
출타 전, 출타 후</td><td>오후일과, 석식 전,
출타 전, 출타 후</td></tr>
<tr><td>6항</td><td>교육, 정비,
점호시간</td><td>오후일과, 석식 후</td><td>정비, 석식 후</td><td>오후일과, 석식 후</td></tr>
<tr><td>7항</td><td>정비, 점호시간</td><td>오후일과, 점호시간</td><td>정비, 점호시간</td><td>오후일과, 점호시간</td></tr>
</table>

5. 출타자 교육, 통제방법

5.1. 휴가 중 주요사고

① 복무염증 및 불우가정, 애인변심으로 인한 군무이탈

② 음주로 인한 민간인 성폭행, 폭력행위

③ 유흥비 마련을 목적으로 절도, 강도행위

④ 친지, 친구의 승용차 및 오토바이 운행 교통사고 등

5.2. 출타 전 정신교육, 면담

5.2.1. 휴가 전·후 확인 및 교육사항

① 행선지, 이동수단, 연락처, 부대, 중대장, 행정보급관 전화번호 숙지

② 군인 기본자세, 휴가복장, 여비, 군용물 휴대여부 확인

③ 휴가 중에 전화, 메일 등을 통한 지속적인 접촉유지, 관심표명

④ 휴가복귀 전에 전화

⑤ 출발시간, 복귀수단, 복귀예상시간 확인

⑥ 위급사항 발생 시 대처요령

※ 출타복귀 시 차량정체 시, 교통사고 등 긴급사항 발생 시 등

⑦ 폭음, 폭식 등 무절제한 생활 금지

⑧ 윤락시설 이용 등 성매매 금지
⑨ 출타복귀 후 면담 필히 실시(사생활 고려)

5.2.2. 엄격한 휴가기준

① 외출, 외박, 휴가는 공정하게 시행
② 규정된 휴가방침과 서열에 의해 휴가 실시여부 확인
③ 휴가로 인한 개인불만과 부대단결이 저해되지 않도록 조치, 건의
④ 부모님 병환, 경조사, 개인 애로사항 발생 시 건의(청원, 위로휴가)
⑤ 모범 분대원 공적이나 선행은 타 전우의 귀감이 되도록 건의

6. 병영생활 행동강령

6.1. 병영생활 행동강령의 정의

6.1.1. 분대장을 제외한 병 상호간 명령, 지시, 간섭금지

① 분대장을 제외 병 상호간은 수평적 관계임
② 병 계급은 조직 내에서 구분하는 기준이 아닌 복무기간과 직무 및 병영생활 관련 숙련도를 표시하는 기준임.
③ 입대서열에 의한 위계질서 유지는 척결되어야 하며 분대장을 제외한 병 상호간에는 명령, 지시, 간섭을 금지함.
※ 단, 전시 · 천재 · 지변 등 비상사태가 발생하여 지휘계통에 의한 정상적인 명령 및 지시가 불가능한 기간 중에는 지휘계통이 복구되기 전까지 일시적으로 상서열자가 하서열자에게 명령 및 지시를 할 수 있다.

6.1.2. 어떠한 경우에도 구타 및 가혹행위를 금지

[1] 구타

고의로 주먹, 발, 손바닥, 팔꿈치, 머리 등 신체와 봉과 막대기, 야전삽, 총기 등 도구로 타인의 신체에 접촉하여 통증을 유발시키는 일체의 행위

[2] 가혹행위

정상적인 훈련 및 규정된 얼차려를 제외한 비정상적인 방법으로 타인에게 육체적, 정신적인 고통과 인격적인 모멸감을 주는 일체의 행위 비정상적인 방법이란 법과 규정에 어긋나는 방법과 정상인의 상식을 벗어난 지나친 방법 등을 말한다.

6.1.3. 폭언, 욕설, 인격모독 등 일체의 언어폭력 금지

① 폭언: 상대방의 입장을 고려하지 않고 사납고 거칠게 하는 말
② 욕설: 통념상 상스럽고 상대방을 욕되게 하는 말
③ 인격모독: 개인의 약점을 들춰내거나 자신의 계급적 권한을 이용해상대방의 마음에 상처를 주는 행위
④ 잘못된 언어문화: 정신적 고통을 주는 비난성 발언이나 상스럽고 저속한 말을 사용하는 것

6.1.4. 언어적, 신체적 성희롱, 성추행 등 성군기 위반 금지

① 성군기 위반사고는 성을 매개로 군 기강을 문란하게 하여 부대단결을 저해하거나 군 위상을 실추시키는 행위
② 성희롱: 성적인 언어와 행동으로 굴욕감과 혐오감을 느끼게 하는 행위
③ 성추행: 동성 또는 이성 간에 선임병 신분이나 상위계급(직위)을 이용해 성적인 행동을 강요하는 것
④ 성폭행: 물리적인 힘 또는 협박으로 상대방의 반항을 현저하게 곤란하게 한 상태에서 성적 만족을 취하는 행위

7. 지휘통솔기법

7.1. 지휘통솔원칙

7.1.1. 성공적인 지휘통솔

성공적인 지휘통솔 부하들을 감동, 감화시켜 부여받은 임무완수에 자발적으로 전력투구할 수 있도록 하는 것이다. 지휘통솔의 대상은 부하이며, 부하들은 이성과 감성을 지닌 인격체이다. 따라서 지휘통솔은 인간에 대한 이해와 인간관계를 기본으로 한 인간중심으로 이루어져야 한다.

7.1.2. 지휘통솔의 원칙

지휘통솔 원칙은 지휘통솔 실천의 지배적인 원리로서 지휘통솔자가 취해야 할 행동기준이다. 이는 지휘통솔자가 갖추어야 할 품성과 자질을 바탕으로 부여된 권한과 책임에 따라 부하를 지휘하고 통솔하는 지침이다.

지휘통솔원칙은 독립해서 존재하는 것이 아니라 상호 밀접한 관계를 갖고 있음으로 지휘통솔자는 각 원칙을 창의적이고 융통성 있게 적용해야 실질적인 효과를 거둘 수 있다.

① 제 1원칙: 올바른 가치관과 도덕성을 견지하라.

② 제 2원칙: 변화를 주도하고 창의력을 발휘하라.

③ 제 3원칙: 비전과 목표를 제시하라.

④ 제 4원칙: 건전하고 적시 적절한 결심을 하라.

⑤ 제 5원칙: 부하에게 알려주고 참여시켜라.

⑥ 제 6원칙: 조직을 활용하고 권한을 부여하며 책임을 물어라.

⑦ 제 7원칙: 열정을 발휘하고 솔선수범하라.

⑧ 제 8원칙: 정과 신뢰로 부하를 지도하라.

⑨ 제 9원칙: 자기 자신과 부하의 능력을 계발하라.

⑩ 제 10원칙: 부하의 복지향상을 위해 노력하라.

7.1.3. 지휘통솔 유의사항

[1] 장병의식 성향

① 실질적이고 합리적인 가치의식 지향

② 자기중심적 성향

③ 인간상호 연대감 및 신뢰감 감소

④ 감상적이고 충동적인 쾌락 추구

⑤ 체력 및 의지력 약화

[2] 장병의식 심리

① 욕구가 충족되는 행동을 반복한다.

② 모방성을 가지고 있다.

③ 중요한 존재로 인정받기를 원한다.

④ 새로운 변화에 저항하려는 경향이 있다.
⑤ 특성이나 능력 면에서 개인차이가 있다.
⑥ 자기가 참여한 의사결정을 가장 잘 따른다.

7.2. 지휘통솔의 자세

7.2.1. 분대원과 의사소통

의사소통은 대부분 지휘통솔자와 부하간의 직접접촉을 통한 대화로 이루어진다. 지휘통솔자의 말과 행동 하나하나가 여과 없이 투명하게 전달되므로 부하에게 미치는 파급효과는 크다.

① 가능한 개인접촉을 하라.
② 신념에 찬 긍정적인 표현을 하라.
③ 부하의 심리상태를 정확히 파악하여 의사를 전달하라.
④ 부하에게 선입관을 갖고 대화하지 말라.
⑤ 비언어적 의사소통 기술을 활용하라.
⑥ 적극적으로 설득하여 이해시켜라.
⑦ 부하의 입장에서 생각하고 경청하라.
⑧ 대화하는 동안 다른 생각을 하지 말라.
⑨ 부하에게 충분한 의견을 제시할 수 있는 분위기를 조성하라.

7.2.2. 분대원과 인간관계

인간관계는 지휘통솔에서 가장 근본적인 관계이며, 상관이 먼저 부하와 좋은 인간관계를 형성하고자 노력한다면 그 효과는 매우 클 것이다.

① 부하와의 인간관계 개선의 관건은 정이다.
② 권위만 내세우며 엄하게 다스리지 마라.
③ 부하를 신뢰하고 맡겨라.
④ 넓은 포용력을 가져라.
⑤ 부하와 대화할 수 있는 분위기를 조성하라.
⑥ 부하를 인정하고 칭찬해 주어라.
⑦ 잘못은 솔직하게 인정하고 이해를 구하라.
⑧ 부하와의 입장을 바꿔놓고 생각하라.
⑨ 부하와의 약속은 사소한 것이라도 지켜라.

7.2.3. 분대원지도시 착안사항

① 최종목표는 임무완수와 조직능력의 극대화

② 인간의 동기를 자극하는 기술

③ 솔선수범하는 실천적 행동을 통해 성취

④ 상황에 따라 융통성 있는 대처가 요구

8. 교육훈련지도

8.1. 병 기본과목의 중요성

① 병 기본 훈련 체계 정착

② 정착핵심 요소

㉮ 소부대 전투기술의 기본 숙달(전장 상황 고려)

㉯ 강한전사(전투원) 양성(생존성 보장)

㉰ 측정 식 합격제(합, 불) 적용(실질적인 교육훈련)

8.2. 조교의 교육훈련 간 역할

[1] 조교의 임무, 역할

교재관리, 훈련지도, 훈련통제, 시범훈련, 피교육자 인솔

[2] 보조교관

계획, 준비, 실시, 평가

[3] 조교의 교육훈련 태도

외모, 복장, 자세, 시선, 목소리, 언어, 동작, 습벽, 열의, 신념

8.3. 교육훈련준비

8.3.1. 훈련준비의 정의

① 교육훈련에 대한 모든 제반사항을 사전에 준비하는 것

㉮ 철저한 교육훈련 가능

㉯ 임무수행능력 배양 여건

② 상급지휘자(관)의 교육훈련 복안서 확인

③ 과목교안(준 · 원칙), 참고교범, 교재확인

④ 실습계획표 작성

8.3.2. 교육훈련 준비사항

[1] 교육훈련 전 실시사항

① 지정된 복장장비

② 시범, 실습지도 능력배양

③ 휴대지시 된 준비물 휴대

④ 교보재 준비여부 확인

⑤ 분대원 건강상태

⑥ 열외인원 사전확인

⑦ 식수휴대

⑧ 동계 방한대책 확인

[2] 교육훈련 중 실시사항

① 개인훈련 숙달, 완성보조

② 미숙자 개별지도

③ 환자발생 시 응급처치

④ 교육태도 불량자 조치

⑤ 전 인원 실습 참여 유도

⑥ 기타 안전사고 예방

⑦ 교보재의 효율적인 활용

[3] 교육훈련 후 실시사항

① 환자 이상 유무 확인, 조치

② 성과분석, 미비점 분석, 보완

③ 병기, 장구류 확인 후 정비

8.4. 교육훈련 실습 진행방법

[1] 실습이란?

원칙, 절차 이론 -> 숙달과정 -> 실제상황 적용

[2] 실습 실시 이유

① 원리와 이론

② 자기시정

③ 절차와 기술

④ 신체단련

⑤ 숙달

⑥ 실제상황 즉각 조치

[3] 실습 시 동기유발 방법

① 확실한 목적

② 지루함 해소

③ 진도평가

④ 현실에 맞게 허용

⑤ 경쟁심 유도

9. 보급품 관리

9.1. 보급품 관리의 중요성

전투력을 유지하고 향상시키기 위해서는 보유하고 있는 보급품을 경제적이고 효율적으로 관리하여 사용하는 것이 중요하므로 분대장은 보급품 애호정신과 주인정신을 기초로 개인, 분대의 보급품 관리에 관심을 가져야 한다.

9.2. 보급품 관리 5대 준수사항

① 상시 사용 가능한 상태로 유지
② 작전 및 훈련 시 보급품 훼손 또는 분실 유의
③ 개인은 폐품 및 정비품 보유 금지
④ 개인 보급품은 항상 기준수량을 확보
⑤ 보급품은 원형변경 및 타 용도로 사용금지

9.3. 일품검사의 목적

부대보유 장비 및 물자를 최상의 상태로 유지하기 위하여 전 대상품목을 검사하는 것으로 상시 부대 전투준비태세 유지에 기여할 뿐만 아니라 실소요량을 산출하기 위한 소요제기의 근본이 되는 단위부대(중대, 대대)의 필수 불가결한 활동

제4장

부사관 실무론

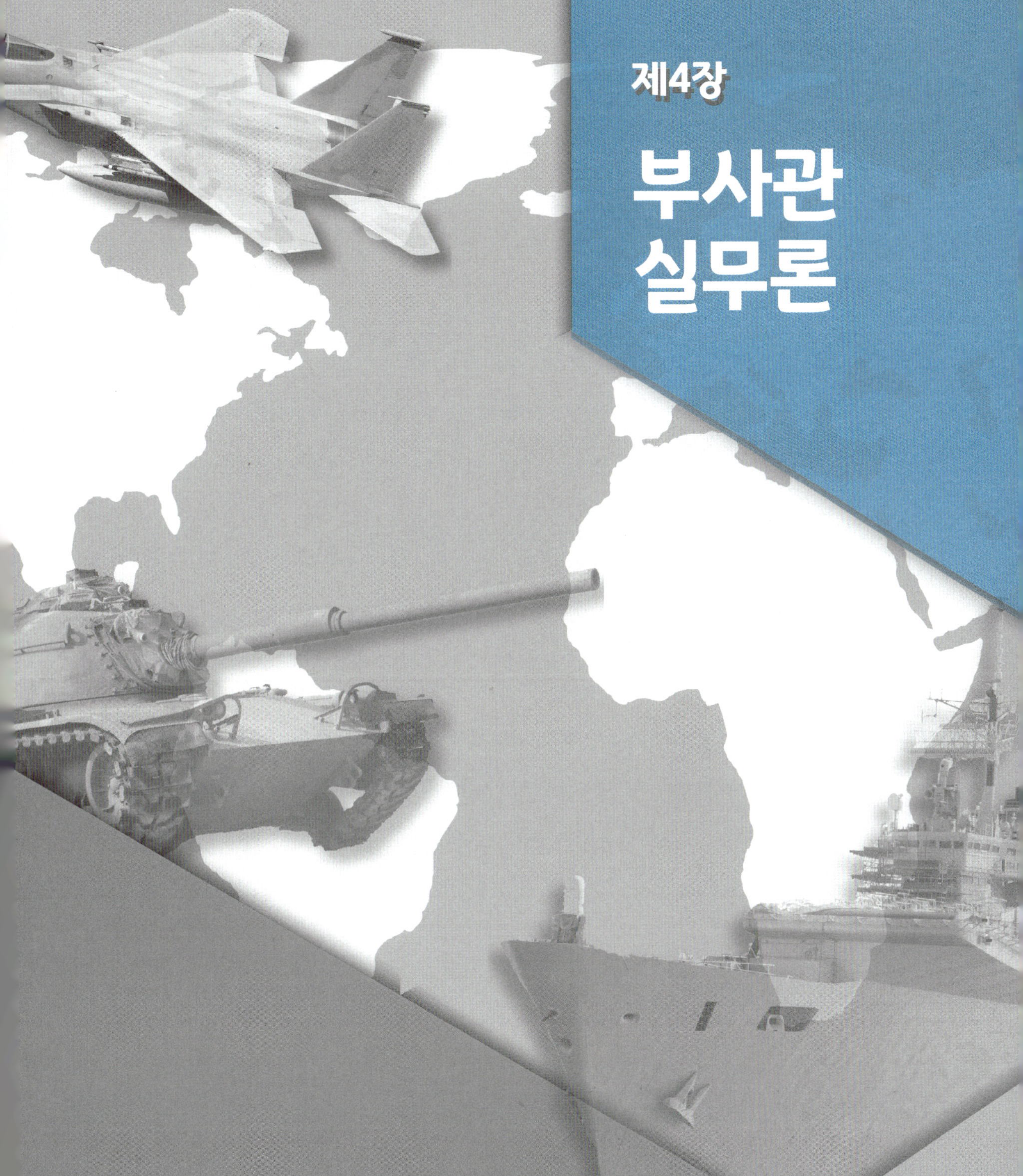

제1절 부사관 역할과 책임

제2절 부사관 위상확립

제1절 부사관 역할과 책임

1. 개요

대한민국 부사관의 책무는 "부사관은 부대의 전통을 유지하고, 명예를 지키는 간부이다. 그러므로 맡은바 직무에 정통하고 모든 일에 솔선수범하여, 병의 법규준수와 명령이행을 감독하고, 교육훈련과 내무생활을 지도하여야 한다. 또한 병의 신상을 파악하여 선도하고, 안전사고를 예방하며, 각종 장비와 보급품 관리에 힘써야 한다."라고 규정되어 있다.

이는 부사관 책임과 활동범위를 명시한 것으로 세부적으로 분석하여 보면 다양한 역할을 해야 함을 알 수 있다.

2. 부사관의 역할과 책임

2.1. 군의 중추

우리군은 '부사관의 역할과 책임'의 재정립과 '부사관의 실질적이고 가시적인 위상제고'를 위해 노력하고 있다. 부사관은 군 하부구조의 근간이고 전투력 유지의 중추로서 군이 제 기능을 다하기 위해서는 부사관이 강해야 한다. 그러므로 부사관은 병 기본 · 주특기 · 소부대 전술 등 교육 분야와 부대관리 및 안전관리 분야에서도 '최고의 전문가'가 되어야 한다.

이러한 부사관의 위상제고는 우리 모두의 노력도 중요하지만 부사관들이 맡은 분야에서의 역할과 책임을 다하고 최고의 전문가가 되기 위해 스스로가 뼈를 깎는 노력을 선행할 때에야 비로소 가능하다는 사실을 인식해야 할 것이다.

특히, 부사관의 역할과 책임을 다할 수 있는 우수인재를 발굴하고 양성하기 위해 부사관 과를 개설한 전국 48개[3] 대학과 육군이 협약을 맺어 예비부사관 후보생들을 양성하고 있다. 2년 동안 간부로서 소양과 체력, 군사학, 병영체험 등 장차 군 간부로서 갖추어야 할 직무지식과 군인

---

3) 2018년도 협약대학(대구미래대, 혜전대학, 전주비전대학은 폐과)

정신을 연마하고 있으며, 2학년을 대상으로 군복무가산금을 받는 부사관을 선발하여 21주 교육 후 임관시키고 있다. 또한 선발 시부터 장기복무 부사관으로 복무하게 될 부사관도 선발하고 있는 등 우수한 자원이 지원하도록 선발시스템을 발전시키고 있다.

3. 부사관에게 요구되는 능력

부사관의 훈(訓)은 '정통해야 따른다.'이다. 이는 어떠한 일에 막힘이 없이 통한다는 의미로 부사관은 자기가 맡은 일에 최고의 전문가가 되어야 한다 는 것을 뜻한다. 실제 장기 복무 부사관의 경우 한 부대에서 장기간 근속하는 환경으로 인하여 부대의 전통과 명예를 잘 알고 있으며 맡은 일에 대한 반복 숙달로 임무에 정통함을 알 수 있다.

부사관은 병전입시부터 전역 시까지 그들과 함께함으로써 병사들이 안전하게 생활 할 수 있도록 각종 점검시스템을 토대로 노력하고 있다. 부사관은 소부대급의 교육훈련 및 전투지휘자로서 전문성을 향상시키기 위해 끊임없이 노력하며, 정보화, 과학화시대를 선도할 수 있도록 지속적으로 자기계발을 위한 노력을 하여야 한다.

부사관은 직업전문성을 위하여 솔선수범하여야 한다. 지휘관(자)과 병사 간의 중간 관리자인 허리기능을 극대화하여 부대의 전투력 향상과 안전한 부대, 사기가 충만한 부대로 계승, 발전되어야 한다.

부사관은 도덕적으로 공과 사를 명확히 구분하고 사사로이 부정한 일을 하지 않는 것으로 스스로 바르지 못하면 상관과 부하가 신뢰하지 않는다는 것을 명심하고 어떠한 난관이 있어도 정도(正道)의식을 가지고 공명정대하게 업무를 처리 하여야 한다. 군인은 죽음을 무릅쓰고 책임을 완수하여야 한다. 이러한 책임완수는 오직 부대원이 화합 · 단결된 힘에서 나온다. 부사관은 지휘관을 핵심으로 서로를 존중하면서 한마음 한 뜻으로 뭉쳐 공동의 목표를 달성하는 데 모든 역량을 집중해야 한다.

부사관은 어떤 목표를 달성할 수 있게 만드는 강력한 원동력을 얻기 위한 열정을 가져야 한다. 병사들이 능력이 다소 부족하더라도 극한 상황을 이겨낼 수 있게 본인이 열정을 속으로 휩싸이게 하는 일치단결의 힘을 보여줌으로써 부대의 목표가 달성될 수 있도록 노력해야한다.

4. 계급별로 요구되는 능력

4.1. 하사

분대장, 포반장, 조종수, 기술병과 운용 및 정비관 수행 능력과 병 기본 및 주특기 지도, 병의 내무생활 지도능력을 갖춘다.

4.2. 중사

부소대장, 반장, 전차장, 대대급 참모부 업무담당관 수행 능력과 소대장과 버금가는 전술지식을 갖추어야 한다. 또한 병 기본 및 주특기(병과기술) 교관능력, 소대급 행정 및 보급관 수행능력, 대대급 참모부 업무 수행능력을 구비해야 한다.

4.3. 상사

소대장, 교관, 행정보급관, 연대급 참모부 업무담당관 수행능력과 소대장과 대등한 전술지식, 병 교육지도 및 감독능력을 갖추어야 한다. 또한 중대급 행정 및 보급관리 수행능력을 구비해야 한다.

4.4. 원사

행정보급관, 신교대 중대장, 사단 참모부 업무담당관, 주임원사 수행능력과 중대장과 버금가는 전술지식, 중대급 행정 및 보급관리 능력을 갖추어야 한다. 또한 부사관을 관리하고 사단급 이상 참모부 업무수행능력과 부사관 및 병 관련 정책구현 능력을 구비해야 한다.

5. 부사관 활동

급변하는 사회발전과 첨단화된 전장 환경은 전천후 간부를 요구하고 있다. 부사관도 향상된 학력과 엄격한 선발과정을 거쳐 임관하기 때문에 부대의 중요한 간부로서 제 역할을 할 수 있는 능력을 요구 받고 있다. 부사관 요구되는 능력은 크게 4가지로 구분할 수 있다.

첫 번째 소부대 전투지휘능력이다. 전투에 신속한 의사전달과 명령이행은 승패를 좌우하는 중요한 요소이다. 그러기 위해서는 지휘관의 작전개념과 부대의 작전계획을 이해하고 전투수행 및 보좌를 위해 장교에 버금가는 전술지식을 구비하여야 한다. 또한 부대지휘 및 참모업무 수행

절차에 따라 자율적이고 체계적으로 업무를 처리하고 필요시 장교업무를 대행할 수 있는 참모업무 수행능력을 갖추어야 한다.

두 번째 교육훈련지도 능력이다. 병기본과 주특기, 소부대 전투기술 지도 및 교관능력을 구비하여 병사들로 하여금 신뢰할 수 있도록 교육훈련에 정통한 부사관이 되어야 한다. 병 개인훈련이나 소부대 전술훈련을 계획, 준비, 실시, 평가 및 감독능력을 구비하여 지휘자로써 상급자를 보좌하고 부하들의 전술전기 향상에 중추적인 역할을 하여야 한다.

세 번째 상급자에게 조언능력이다. 부사관은 풍부한 경험과 부대 및 전장여건을 세밀히 파악하여 전·평시를 막론하고 지휘관이 부대의 강·약점, 제한사항, 병 및 부사관 지휘통솔, 전장환경 및 특성, 기타 업무처리에 대하여 시기적절 하게 조언할 수 있는 능력을 구비하여야 한다.

네 번째 부대전통 계승 능력이다. 업무에 대한 책임감, 동료 간의 협조자세, 희생정신, 자기계발 노력 등 전문 직업윤리의식을 구비하여야 한다. 또한 부대규정과 방침, 관습을 계승하고 발전시키는 주인의식을 견지하고 부대 전통에 대한 자료를 정리하여 홍보 할 수 있는 능력을 구비하여야 한다.

제2절 부사관 위상확립

1. 장교와 부사관의 관계

장교와 부사관의 관계는 가정에서 부모 역할이 있는 것처럼 각 제대별 장교와 부사관의 역할에 필수적인 관계를 이루고 있다. 이 관계는 엄정한 상하관계를 기초로 공동목표를 수행하는 협조관계를 구축해야 한다. 효율적인 부사관 역할 발휘를 위한 장교·부사관의 직책별 관계를 다음과 같이 분류한다.

첫째, 소대급에서 소대장과 부소대장의 관계는 지휘자와 부지휘자의 관계이다. 소대장과 부소대장은 별도의 동일 목표를 지향하는 공동업무를 수행하는데 관계를 유지하며, 부소대장의 활동영역은 소대장의 업무수행 수준과 활동방법에 따라 다르며, 특히 초임 소대장 부임 시나 소대가 새로운 업무수행 시 부소대장 역할이 강화된다. 그리고 소대장 업무를 부소대장이 대행한다고 해서 소대장의 책임이 전환되는 것은 아니다. 부소대장은 소대장과 의견이 상치된다고 해서 소대장과 다른 지시를 내리거나 소대원 앞에서 소대장을 불평해서는 안 되며, 충성심을 가지고 시종일관 소대장을 성실하게 조력한다. 소대의 제반 문제를 상의 하며 부소대장은 언제라도 소대지휘를 담당한다는 자세로 소대장을 헌신적으로 조력해야 한다.

둘째, 중대급에서 중대장과 행정보급관의 관계이다. 지휘관과 업무담당관의 관계, 행정보급관은 세부적인 실행자 역할을 분담하여 수행하고, 분담된 업무를 수행하는데 필요한 모든 권한을 갖는다. 행정보급관은 위임된 업무의 결과에 대해 책임을 진다.

중대장은 무한 책임이 아닌 지휘 책임을, 행정보급관은 그 결과에 대한 업무책임, 중대장은 부대지휘 방향·목표·수준에 대하여 행정보급관과 상의, 행정보급관은 자기 업무에 정통하고 담당한 업무를 정확히 처리하여야 하며, 중대장은 행정보급관을 중대의 최고 전문가로 인정하고 행정 보급관은 중대장의 지시를 적극 구현한다.

셋째, 대대급에서 대대장과 주임원사의 관계는 지휘관과 보좌관의 관계이다. 주임원사는 대대장에게 부대활동을 지휘 업무에 참고할 수 있도록 조언하고, 병과 부사관 관련 업무를 보좌, 대대장의 지휘활동의 연장선상에서 훈련·각종 명령 이행 상태를 대대장을 대신하여 확인하는 등 업무를 보좌한다. 대대장은 주임원사가 병 · 부사관의 대표자로서 인식, 그 위상을 존중하며 주임원사의 건의내용은 적극 수용한다. 대대장과 주임원사는 모든 사항에 대하여 정보를 교환할 수 있도록 시간 및 활동여건을 보장하도록 해야 한다.

장교와 부사관의 직책별 관계를 정리하여 보면, 우선 군의 간부로서 엄정한 상하관계를 들 수 있다. 부사관은 장교의 권위와 계급을 존중하고, 장교로부터 신뢰를 받도록 임무를 수행해야 하며 특히, 직속상관의 명령에 절대 복종해야 한다. 그리고 장교는 부사관의 연륜과 군 경험을 인정하여 인격체로 대우해야 한다.

다음은 군사적 동일 목표를 수행하는 동반자 관계로서, 부사관은 장교가 본연의 역할수행에 전념하도록 조언 및 조력하고, 장교는 부사관의 역할을 이해하고 부사관이 능력을 발휘하도록 지원하며, 장교와 부사관 모두 상호존중과 신뢰를 유지시켜 나가야 한다.

업무분담 면에서는 장교는 주로 “무엇을(What)” 하나의 목표에 관심을 가지며 부사관은 “어떻게(How)” 하나의 방법에 중점을 두어야 한다. 이를 세부적으로 살펴보면 장교는 방침수립 · 계획구상, 부대작전 · 훈련, 부대준비 태세 유지, 부사관 전문성 개발 및 업무수행을 위한 여건을 조성하며, 부사관은 수립된 명령 · 지시 및 방침에 의거 부대 일상 업무, 개인 · 팀 훈련, 전투준비태세 유지 및 부여된 임무를 완수한다.

장차 안보환경은 급속하게 변화할 것으로 예상된다. 따라서 부사관들에게 요구되는 능력과 역할도 변해야 한다는 것은 필연적인 것이다. 전쟁양상은 첨단무기 개발로 가공할 파괴력을 가지고 전 전장 동시 통합작전이 전개 될 것이고 국방 면에서 예산과 인력이 제한된 가운데서도 전문인력 소요는 증대될 것이다.

이러한 미래 안보환경에서의 간부역할은 전쟁양상 면에서 분권화 작전수행에 따라 소부대 전투지휘의 중요성이 증대되고 안보 · 국방 분야에서는 신분별 역할 분담과 인적자원의 질적 향상, 그리고 간부들의 역할이 확대 될 것이다. 따라서 장교와 부사관의 역할 분담과 상호보완을 통한 부사관의 역할은 소부대 전투지휘자로서, 첨단무기 및 장비의 전문가로서, 병교육의 전문가로서 역할이 요구될 것이다. 또한 하부구조의 핵심관리자로서, 장교의 조언자로서, 그리고 부대전통을 계승자로서 역할이 요구되고 있다.

2. 바람직한 부사관 상

2.1. 의식면

부사관에 대한 전반적인 상황인식은 종전의 지휘관 또는 장교의 보좌 위주의 지원업무 등 수동적이고 책임기능이 결여된 역할에서 부사관은 병과 부사관의 양성교육에서 교관 및 훈육전담과 첨단장비 운용 주 책임자로서 장교와 '업무파트너' 기능으로 위상이 전환되고 있다.

과거에는 지휘관 및 장교 보좌위주 지원 업무수행의 행정보급관 역할과 장비관리 및 운용 보좌를 부 담당관이 해 왔으며, 명목상 부대 전통 계승자이지만 책임기능이 결여되었으나 현재 및 미래는 병과 부사관 양성교육 교관 및 훈육전담 업무를 하고 장교와는 업무파트너로서 기능 전환이 절실히 요구된다.

행정보급관의 과중한 업무 경감조치를 위해 병사의 신상, 인사관리 사고 예방분야에서 병 특기변경 건의와 병 진급 심의, 명령을 의뢰하고 성과제 외출, 외박 대상자를 선정하며 각종 휴가와 일정을 관리 작성하고, 애로 건의사항에 대한 수렴조치와 사고 예방교육을 전담한다.

그리고 장교와 부사관 상호간 협조 및 보완적 역할 수행을 위한 업무분담 조정을 위해서는 중대장 확인 행정보급관 전담업무를 소대장 및 부소대장에게도 담당하도록 하여 성과제 외출, 외박대상자 선정과 면회 시 외출, 외박 대상자 선정, 애로 건의사항 수렴조치, 사고예방 교육, 장비 및 보급품에 대한 손망실을 처리하게 한다. 또한, 중대장 전담업무를 부중대장과 소대장에게도 동시 전담 업무토록 하기 위해 개인화기 사격통제, 일일 교육결산을 맡도록 한다.

한편, 의식구조 면에서는 부사관에 대한 일반적인 인식을 장교, 부사관, 병의 시각으로 보면 다음과 같다[4].

첫째, 장교가 부사관을 보는 시각은 보면, 장교는 대부분 부사관을 동반자적 관계보다는 신분상의 상 · 하관계로 인식하고 업무능력 면에서 적극성과 창의성이 부족하며 많은 부사관들이 현실에 안주하려는 의식이 강하다고 인식하고 있다. 한편, 소수의 부사관들이 범한 과오를 전체 부사관의 과오로 간주하는 경향이 아직도 있으며, 부사관에 권한을 부여하는데 인색한 편이다.

둘째, 부사관 본인들 또한 자신의 신분에 대하여 지위와 권위가 낮다고 인식하고 있으며, 대체로 어렵고 힘든 직업으로 여건이 허락하면 전역을 고려하겠다는 의견이 많다.

셋째, 병이 부사관을 보는 시각을 보면, 특히 일반사회 경기가 호황기에는 부사관을 비인기 직업으로 간주하고 부사관을 자신들의 간섭자로 인식하는 경향이 있다. 병의 대표로서 병을 직

---

4) 정길호, '정예부사관 인력관리 정책 발전방향', 국방연구원, p.14

접 지휘하는 중간 관리자로서의 역할 수행이 미흡하다고 인식하는 경우도 있다. 인격적으로 존경심이 덜 한다고 느끼며, 교육수준과 기본자질에 대한 부정적인 견해를 나타내는 경우도 없지 않다.

이상과 같이 부사관에 대한 부정적인 요소도 많이 있지만 천직으로서의 직업의식과 진정한 주인의식을 견지하는 것이다. 누군가의 평가보다는 조국에 대한 충성심과 사명감을 가지고 본인이 택한 군인의 길을 소중히 생각하는 마음이 있어야 한다. 내가 맡은 임무가 가장 중요하고 내가 함께하고 있는 사람들이 가장 소중한 사람이라는 인식을 가지고 누가 보든 안보든 맡은바 임무에 충실하여야 한다.

2.2. 부대활동 면

부사관들이 부여된 직책에 대해 최고 전문가가 될 때 부사관의 위상은 저절로 격상될 것이다. 이를 위해서는 부사관 스스로가 전문 직업인으로서의 역할에 자긍심을 가져야 한다. 미 부사관 신조에 나오는 “나보다 더 이상의 전문가는 없다”는 말처럼 풍부한 경험과 전문성을 겸비한 교육훈련의 전문교관 역할에 무한한 자부심을 가져야 한다.

부사관들은 소부대 전투의 달인이다. 6.25 전쟁, 베트남전, 대침투작전에 이르기 까지 부사관들의 활약상은 이루 다 말할 수가 없다. 이러한 전투기술을 병사들에게 전수하여야 한다. 부사관은 하부구조의 핵심 관리자로서 가정에서의 어머니 같은 존재이다. 병들의 내면생활을 꿰뚫은 상태에서 자식이나 동생을 지도하듯 병들을 관리하여야 한다.

부사관들은 부대의 전통을 계승하고 발전시키는 산 증인이다. 부대의 전통과 뿌리를 통해 부대원들의 소속감과 애대심을 고취시켜 전투력을 발휘하는 무형전력으로 승화시키는 중요한 역할을 담당한다. 또한 부대가 화합 · 단결의 전통을 계승하기 위해서도 부사관의 역할은 대단히 중요하다.

2.3. 생활면

부사관들은 지역사회의 일원으로 앞장서고 있으며 국민으로부터 사랑 받고 국민에게 믿음을 주는 군대 육성의 선봉에 위치한다. 또한 ‘부사관 단’을 중심으로 동료의식을 강화해 기쁨과 슬픔을 함께 나누는 숭고한 전통이 병영에 따뜻한 인정의 꽃으로 피어나고 있다.

한 가정의 성패는 가장에 의해 좌우되고 바람직한 가치관이 있으면 ‘풍족하지는 않지만 부족하지도 않다’는 여유로움 속에서 생활할 수 있다. 선배 부사관들이 후배 부사관들에게 근검절약하는 모범을 보여 훌륭한 후견인이자 조언자 역할을 수행해 후배 부사관들도 건전한 생활인으로 성장할 수 있도록 이끌어야 한다.

2.4. 구현방안

첫째, 바람직한 부사관 상 구현을 위해서는 점진적이고 장기적인 안목으로, 정책부서에서 여건조성과 제도적 뒷받침을 해주고 교육기관에서는 교육을 통해 전문지식을 함양시켜야 한다. 야전부대에서는 각급 제대 주임원사와 같은 선도 집단이 지속적인 실천의지를 보이고 지휘관들의 관심이 절대적으로 필요하다. 그리고 무엇보다도 중요한 것은 부사관들 스스로가 변화의 계기를 마련해야 한다는 것이다.

둘째, 구현방안은 먼저 부사관이 역할과 책임을 다할 수 있는 여건조성과 장교 · 부사관 공히 의식전환 및 공감대를 형성한 가운데 각급 제대 부사관단과 주임원사들이 구심점이 되어 주도적 역할을 해 주어야 한다. 작은 일부터 지속적으로 실천하는 것이 중요하다. 정책부서에는 제도적 개선을 통해 부사관의 자긍심을 고취시키고 부사관 종합발전 계획을 강력히 추진해야 한다.

교육기관에서는 전문지식 함양을 위해 교육 과정별 전문능력 구비를 위한 교육의 '질'을 향상시키고 부사관 학교가 '부사관의 요람'으로서의 역할을 수행해야 한다. 야전부대에서는 부사관들이 중심이 되어 '붐'을 조성하고 실천하며 자질 우수자 선발을 위해 부사관들이 노력해야 하며 자기계발 노력 우수자에 대해서는 포상 · 진급 등에서 우선권을 주는 등 동기를 부여해야 한다. 또한 일과 후 개인의 능력계발을 위해 부사관들과 지휘관들이 시간을 보장해 주고 격려하는 등 여건을 보장해야한다. 결국 외형적 요소보다는 자기계발을 통해 전문성을 구비하는 등 내실이 중요하다고 하겠다.

셋째, 우리 군은 부사관이 군의 중추이자 전투력 발휘의 핵심이라는 인식 하에 부사관의 위상 제고와 권위신장을 위해 육군 부사관 종합발전계획을 적극 추진해 오고 있다. 그 결과 위상 및 역할 면에서 부사관의 역할과 책임을 정립해 정착 중에 있고 주임원사의 권위신장과 활동 여건도 크게 개선되고 있다.

부사관 자원획득 및 교육면에서는 우수자원 획득을 위해 과감한 투자와 노력을 병행, 획득된 자원들의 능력계발을 위한 교육확대와 각 학교 교육과정의 교육체계개선, 5만여 부사관의 요람인 육군부사관 학교의 시설현대화가 실현되었다. 또한, 인사관리 면에서 전 · 후방 계획인사 제도를 제한적으로 시행하고 있고 기타 평정 및 진급제도를 현실적으로 개선했다.

사기 및 복지 분야 에서도 복지개선은 물론, 부사관 명칭 개선과 원사들의 직급이 상향 조정되었다.

결론적으로 부사관 역할과 책임을 구현하고 부사관의 위상을 한층 격상시키기 위해서는 육군의 정책적인 분야 발전과 병행해서 부사관들 스스로가 변화의 주체가 되어 사명감을 견지하고 역할과 책임 완수에 전력할 때 부사관의 위상은 자연스럽게 격상될 것이라고 확신한다. 이는 바로 우리 군이 강군으로 가는 지름길이기도 하다.

제5장

부대관리와 군법, 인권

제1절 부대관리 개념

1. 개요

부대관리는 인원과 장비 및 물자 등 부대의 제반 구성요소를 합리적이고 내실 있게 관리하여 전투력을 발휘할 수 있는 여건과 기반을 조성하기 위한 끊임없는 활동이다. 또한 부대의 임무와 과업을 경제적이고 효율적으로 완수하기 위하여 인원, 장비, 물자, 시설, 예산 및 시간 등 가용 자원을 활용하는 활동이다

2. 부대관리의 중요성

전투력을 보존하고 사고를 예방하며 안정적인 부대 운영을 통해 전투준비태세 확립에 기여하는 것으로 부대관리가 미흡하여 사고로 이어지게 되면 국민들로 부터 지탄과 군에 대한 신뢰가 무너지게 된다. 사고를 수습하기 위해 전투준비와 교육훈련 등 부대임무 수행에 많은 지장을 초래하기 때문에 중요성을 아무리 강조해도 지나치지 않다.

부대관리는 부여된 임무를 성공적으로 완수하고 정상적인 부대 운영을 보장하기 위해서는 체계적인 부대관리를 통해 반드시 부대안정을 유지해야 한다.

3. 부대관리의 요체

부대관리의 핵심요소는 인원, 총기, 탄약관리, 차량안전관리, 화재예방이며 부대관리의 기법은 존중과 배려, 인간중심의 리더십, 솔선수범, 부하와 동고동락, 원활한 의사소통, 현장지휘, 규정 및 방침을 준수하여야 한다.

3.1. 기본에 충실한 부대관리

병영 내 사고는 각종 규정과 방침을 준수하지 않기 때문에 발생하고 있다. 무사안일을 배척하고 주인의식과 책임감을 가져야 한다.

3.2. 현장중심 확인

현장에서 눈으로 보고, 손으로 만지고, 발로 밟으면서 실천하는 자세를 가져야 하며 현장에서 실천위주, 행동위주 활동을 하여야 사고를 예방할 수 있다.

3.3. 인간중심 리더십

부하를 진정으로 사랑하고 소통하는 군 생활의 동반자로 인식해야 하며 인권을 존중하는 단결된 부대분위기를 조성해야 한다.

제2절 군 법

1. 군법 적용

1.1. 구타 가혹행위자

구 분		대표 유형
형사 처벌	형 법	• 상해 : 7년 이하 징역, 중상해: 1년 이상 10년 이하 징역 • 폭행 : 2년 이하 징역, 특수폭행: 5년 이하 징역 • 폭행치사상: 7년 이하 징역 또는 1년 이상 10년 이하 징역 • 강요죄 : 5년 이하 징역, 모욕죄: 1년 이하 징역 • 협박죄 : 3년 이하 징역
	폭력행위 등 처벌에 관한법률	• 폭행: 상해 및 폭행 시 3년 이상 유기징역, 형의 1/2 가중 • 집단폭행: 3년, 5년, 7년 이상 유기징역
	군형법	• 상관폭행 및 협박: 5년 이하 징역 • 상관집단 폭행 및 협박: 5년 이상 징역 • 상관특수폭행: 10년 이상 징역 • 상관폭행치사상: 5년 이상 징역 • 초병폭행: 3년 이하 징역, 초병집단폭행 : 2년 이상 유기징역 • 초병특수폭행: 10년 이상 유기징역 • 초병폭행치사: 사형, 유기징역, 3년 이상 징역 • 가혹행위: 5년 이하 징역
징 계	간부	• 중한 자: 중징계, 현역복무 부적합처리 • 경한 자: 경징계

1.2. 구타, 가혹행위 관련자

① 조력자도 사안에 따라 형사입건 또는 징계처리

② 구타를 당한 자도 원인을 규명하여 이유 있을시 형사입건 또는 징계처리

③ 구타를 은익, 묵인 시에는 연대 문책하여 징계처리

1.3. 폭언 등 인격모독

① 폭언 : 상대방의 입장과 주변을 고려하지 않고 사납고 거칠게 하는 말

② 욕설 : 통념상 상스럽고 상대방을 욕되게 하는 말

③ 인격모독 : 개인의 약점을 들춰내거나 자신의 계급적 권한을 이용해 상대방의 마음에 상처를 주는 행위

④ 언어폭력 : 상대방이 정신적 고통을 느낄 정도의 비난성 발언이나 상스럽고 저속한 말을 사용하는 것

2. 군인의 징계

특별권력관계에 있어서 그 내부질서를 유지하기 위하여 질서 문란자에게 특별권력에 근거하여 과하는 제재행위를 말하여 징계처분 또는 징계처벌이라고 한다. 현역에 복무하는 장교(사관생도, 사관후보생 포함), 준사관, 부사관, 병 및 군무원과 소집되어 실역에 복무하는 예비역 및 보충역인 군인에게 적용한다.

2.1. 징계권자

부사관의 징계권자는 연, 대대장급의 소속 부대의 영관장교이며, 중, 경징계를 부과할 수 있다.

2.2. 징계의 종류

구분	종류	주요업무
중징계	파면	• 제적, 관직 및 예우 박탈 • 5년간 공직 취임 불가, 퇴직금 50% 감액
	해임	• 관직에서 해임하여 강제 퇴직시킴 • 3년간 공직 취임금지(5년간 장교, 준사관, 부사관 임용결격)
	강등	• 당해 계급에서 1계급 내림 • 진급시킬 수 없는 사유에 해당, 임시계급은 원 계급으로 복귀 • 현역복무 부적합 심사대상
	정직	• 1개월 이상 3개월 이내 기간 동안 직무종사의 금지 • 정직기간 중 현역 복무기간 불산입 • 정직기간 중 봉급의 감액조치(2/3 감액) • 호봉승급 지연(18개월), 진급시킬 수 없는 사유에 해당, 임시계급은 원 계급으로 복귀 • 현역복무 부적합 심사대상

<table>
<tr><th>구분</th><th>종류</th><th>주요업무</th></tr>
<tr><td rowspan="3">경징계</td><td>감봉</td><td>• 1개월 이상 3개월 이내 기간 동안 봉급의 감액조치(1/3 감액)
• 호봉승급 지연(12개월)</td></tr>
<tr><td>근신</td><td>• 10일 이내에 기간 동안 평상근무 후 징계권자가 지정한 영내의 일정한 장소에서 과오를 반성
• 호봉승급 지연(6개월)</td></tr>
<tr><td>견책</td><td>• 과오를 규명하여 장래를 훈계
• 호봉승급 지연(6개월)</td></tr>
</table>

※ 부사관의 파면과 해임의 승인권자는 참모총장이다.

제3절 군인 인권

군인은 헌법 및 이에 따른 군사법규에 근거를 두어 군을 국가제도로서 설치, 운영하고 있다. 국민의 안전 확보 및 인권보장이라는 국가의 기본적인 존립 목적을 달성하기 위하여 국가의 군 조직, 운영은 불가피하기 때문이다.

1. 군 조직의 특성

1.1 인적특성

병역의무의 부과에 의한 강제적 편성에 기초

1.2. 조직적 특성

명령, 지휘체계가 확립되는 상명 하복 식 조직이라는 점과 군사기밀 유지의 필요성 등 폐쇄적인 조직

1.3. 기능적 특성

상시 무장력을 준비하고 유사시 이를 행사하는 기능을 갖춘 조직

1.4. 목적적 특성

무력에 의해 국가방위를 수행해야 하는 조직

1.5. 수단적 특성

국가방위가 가능할 정도의 고도의 무장 수준을 유지하는 조직

2. 군 조직 목적과 인권

군이 무력이라는 수단으로 지키려고 하는 대상은 국가이다. 국가는 최고법인 헌법에 의해 다스려지며, 군대도 헌법에 의해 설치된 것이다. 헌법의 핵심은 국민의 기본적 권리를 보장하는데 있다. 즉 헌법에 의해 설치된 군 조직의 목적 속에는 장병의 인권보장이 포함되어 있으며 일반 국민의 인권보장과 비교할 때 본질적인 내용에는 차이가 없다.

① 국민의 동의에 기반 한 민주적 정당성이 확보

② 기본적 인권이 보장되어야 한다는 법치주의 원리 구현

3. 군인의 법적지위

군인은 일반국민으로서의 지위와 군사행정기관 구성원이라는 특수 신분관계 상의 지위를 동시에 보유한다. 군인은 일반국민으로서의 인권은 향유하나, 특수신분관계에 있는 국가기관의 구성원으로서의 국가의 사무를 수행할 권한과 이에 부수되는 의무도 동시에 보유하며 병역법, 군인사법, 군형법, 군인연금법, 국가공무원법 등의 법률에 의한다.

4. 군인 인권의 제한과 한계

4.1. 인권의 보편성, 천부성, 불가침성

인권은 보편적으로 누리는 권리이며 하늘에서 부여받은 권리로 국가는 인권을 최대한 존중하고 보장할 의무를 진다.

4.2. 헌법상 인권의 제한과 한계

국가는 국가안전보장, 질서유지 또는 공공복리를 위하여 필요한 경우에 한하여 법률로서 인권을 제한할 수 있다(헌법 37조 2항).

4.3. 병영 내 인권의 제한과 한계

① 군은 국토방위와 국민의 생명과 재산을 보호하는 막중한 임무를 수행함. 군법은 단체성과 규율성을 고려하여 일부 인권을 제한하고 있으며 상관이 부하에게 포괄적인 명령과 지시를 할 수 있는 권한을 부여하고 있다.

② 군이 제한하는 인권은 군 기밀과 관련된 알권리 및 표현의 자유제한, 해외여행금지, 군무외의 집단행위 제한, 근로 3권제한, 거주이전의 자유 제한과 엄격한 정치적 중립 유지 등이다.

③ 군법이 일부 인권을 제한하더라도 그 제한사항 조차도 군의 각종 법규와 방침에 그 범위를 명백히 규정하고 있어 그 범위를 넘어설 수 없음. 특히 어떤 경우라도 생명권과 인격권을 침해할 수 없다.

※ 부대의 임무수행과 기강 확립을 위해 개인의 인권을 일부 제한할 수 있으나 인권을 침해하는 위법행위와 동일 시 해서는 안 된다.

제6장

군사보안

제1절 보안 개념

제2절 보안의 종류

제1절 보안의 개념

1. 보안의 의미

1.1. 사전적 의미

사회의 안녕과 질서를 유지시키는 것

1.2. 군사적 의미

국가안전보장에 영향을 주는 인원, 문서, 자재와 시설, 지역 등을 간첩이나 기타 불순분자의 침해행위로부터 보호하는 제반대책

1.3. 군사보안

위험에 노출되지 않은 보호된 상태의 군의 비밀이나 인원, 시설 등을 불순분자와 비인가자로부터 보호하기 위한 활동이나 대책

2. 보안책임

2.1. 군사비밀

Ⅰ급 비밀(치명적 위험), Ⅱ급 비밀(현저한 위험), Ⅲ급 비밀(상당한 위험)

2.2. 각급부대

군사보안업무 시행규칙의 적용을 받는 모든 부대 부서 및 기관

2.3. 대외기관

보안업무훈령(규정)의 적용을 받지 아니하는 기관이나 단체 및 외국기관(연합사 포함)

2.4. 대출, 지출, 열람의 구분

2.4.1. 대출

비밀을 보관하고 있는 시설(비밀보관함)에서 타인에게 대여하기 위하여 비밀을 영내로 반출

2.4.2. 지출

비밀을 보관하고 있는 시설에서 시설 밖이나 타부대로 가지고 나가는 것

2.4.3. 열람

비밀을 대출 또는 지출함이 없이 보관하고 있는 시설 내에서 업무와 관련하여 내용을 확인

2.5. 복제, 복사

비밀을 생산한 부대 또는 비밀을 접수한 각급부대에서 비밀내용을 전부 또는 일부분을 필경, 타자, 인쇄, 등사촬영 인화, 확대, 녹화 또는 복사기, 컴퓨터를 이용하여 그 원형을 다시 생산하는 것을 말함.

2.6. 이첩

비밀을 접수한 부대에서 접수한 비밀을 재 기안하여 그 업무와 관련 있는 부대로 발송

2.7. 비밀 군사자료

형태에 관계없이 군사비밀내용(Ⅰ, Ⅱ, Ⅲ급 비밀)이 수록된 문서, 필름, 사진, 괘도, 상황판, 암호자재, 전산매체 등을 말함.

2.8. 보안대책, 보안조치

2.8.1. 보안대책

군사상 각종행위에 대하여 보안상 유해한 사항을 미리 예방 또는 통제하기 위한 계획

2.8.2. 보안조치

예상되는 군사보안상 유해한 사항을 예방, 통제하기 위하여 취해지는 사전, 사후행위

2.9. 보안사고, 보안위반

2.9.1. 보안사고

비밀의 누설 또는 분실과 국가중요시설 및 장비의 파괴, 보호구역에 대한 불법침입

2.9.2. 보안위반

보안 규정사항을 지키지 않거나 어겨서 발생한 행위

2.10. 비밀지정권자

2.10.1. Ⅰ급 비밀

참모총장, 지상작전 사령관, 제2작전사령관

2.10.2. Ⅱ, Ⅲ급 비밀

Ⅰ급 비밀지정권자, 편제상 중령급 이상 및 동등한 직위, 부대의 장, 참모

2.11. 보안측정

부대의 특성과 기능 및 지역적 여건에 따른 적절한 보안대책을 제시하거나 현재 시행중인 보안방책의 타당성을 진단하여 새로운 보안대책을 강구하기 위한 보안조사로서 사전에 이루어지는 보안활동

2.12. 암호, 음어, 약호자재

① 암호자재는 통신내용을 숨길 목적으로 사용하는 문자, 숫자, 기호 등으로 구성된 표와 난수로서 이를 수록한 문서나 보조기억매체를 말한다.

② 음어자재는 통신내용을 숨길 목적으로 사용하는 문자, 숫자, 기호 등으로 구성된 표와 이를 수록한 문서나 보조기억매체를 말한다.

③ 약호자재는 대외비 이하의 통신내용을 숨길 목적으로 사용되는 특정용어를 간략한 어구, 문자, 숫자 등으로 변화시킨 매체를 말한다.

제2절 보안의 종류

1. 문서보안

문서로 생산하며 공무목적과 부대임무수행에 필요한 내용만 생산하며 배부는 필요한 부대로 제한한다. 비밀은 접수 즉시 등재한다.

2. 인원보안

비밀자료를 취급하는 장병 및 군무원에 한하며 필요시 민간인에 대해서도 비밀 취급인가 가능하다.

2.1. 보안관계관

2.1.1. 보안담당관

부대장의 명을 받아 부대의 전반적인 보안에 대한 조정, 감독업무를 수행하는 자

2.1.2. 비밀 합동보관소 관리책임관

비밀 합동보관소의 경계 및 안전관리를 위하여 임명

2.1.3. 보관책임관

비밀을 보관, 관리하는 부서의 단위부서장 또는 실무자

3. 시설보안

군사시설물을 보호하고 시설물 내의 중요 비밀문서, 자재, 장비 등을 비인가자로부터 보호하기 위한 각종 물리적인 거부대책과 출입통제 등의 제반 보호대책

3.1. 시설보안활동

3.1.1. 군사보호구역

보안상 비안가자의 출입이 금지되는 중요한 구역(암호장비정비실 등)

3.1.2. 군사제한구역

출입의 제한 및 안내가 요구되는 구역(연대급 이하 지휘통제실)

3.2. 군사보안 목표

적에게 파괴 또는 피탈시 국방에 중요한 영향을 미치게 되는 관할지역 및 부대 내의 시설과 장비

3.2.1. 가급

국방정책 수행에 차질을 초래하여 국가안전보장에 중대한 영향을 끼칠 수 있는 시설 및 장비

3.2.2. 나급

전술 및 전략적 면에서 군의 임무수행에 막대한 차질을 초래하여 손실을 끼칠 수 있는 시설 및 장비

3.2.3. 다급

단위부대의 전투작전 임무수행에 막대한 지장을 초래하거나 손실을 끼칠 수 있는 시설 및 장비

4. 정보통신 보안

정보의 수집, 가공, 저장, 검색, 송신 및 그 활용과 이에 관련되는 기기, 기술 및 기타 정보화를 위한 일련의 활동과 수단

4.1. 컴퓨터 보안관리

① 컴퓨터 무단사용 방지를 위한 비밀번호 사용
② 보조기억매체 운용
③ 휴대형 컴퓨터 보안관리

4.2. 상용정보통신 보안관리

① 일반전화 운용
② 인터넷 운용

5. 사이버 전(戰)

기존의 전쟁 개념이 아닌 가상공간(사이버)내에서 컴퓨터 네트워크를 통하여 적의 중요 군사기밀 및 각종 국가기밀을 해킹하여 획득하거나 전산망을 혼란스럽게 하여 제 기능을 발휘하지 못하도록 하는 가상 공간내의 소리 없는 전쟁

5.1. 보안대책

① 인터넷 PC에 군사자료 작성 및 저장금지
② USB 등 저장매체 무단 반출 금지 및 자가 PC에서 업무금지(자료보관금지)
③ 의심 사이트 방문 자제 및 출처 불명 E-mail 열람금지
④ 백신설치 의무화 및 최신백신을 이용한 악성코드 감염점검/치료
⑤ 보안관련 프로그램 설치, 운용

5.2. 사이버전 공격방향

① 군사자료, 개인정보 절취 목적으로 공격
② 홈페이지 위, 변조와 경유지 악용공격
③ 제3국을 통하여 공격

6. 기타 보안

6.1. 사이버 보안진단의 날 행사

보안일일결산과 보안점검일지에 기록유지

6.2. 보안교육

부대교육, 학교교육, 해외출장, 여행자 보안교육

제7장

병영생활

제1절 내무생활

1. 내무생활의 개요

내무생활이란 영내거주 의무가 있는 군인이 내무실을 중심으로 이루어지는 일상 활동이다. 내무생활의 목적은 전우애를 기르고, 단체생활에 필요한 협동정신과 자율성을 배양하며, 병영생활에서 오는 심신의 피로를 회복하고, 유사시 즉각 임무를 수행할 준비를 갖추는데 있다.

1.1. 내무실 거주대상 및 지도

1.1.1. 거주대상

원칙적으로 병과 내무생활 대상 하사로 하고 GP, GOP, 해(강)안 경계부대, 격오지 등 별도의 독신 간부숙소가 없는 곳은 간부의 거주도 가능하다.

1.1.2. 내무생활지도

병사들의 내무생활 지도 및 감독하는 책임자는 중대장, 소대장, 행정보급관, 부소대장, 당직사관, 부사관, 분대장이다. 내무생활지도를 위해서는 인간중심의 부대관리 개념 하에 부하에 대한 사랑과 이해, 자기희생이 선행되어야 한다.

1.1.3. 부착물 및 비치품

부착물은 육군 복무신조, 직속상관 관등성명(1 · 2차 상급지휘관), 알림판(지시사항, 병영생활 행동강령, 내무생활 임무 분담표, 표어, 포스터, 기타 등), 분대장 임명장, 정서순화용 액자 및 달력 등이다.

비치품은 총기대, 국방일보 철과 오락기구(장기, 바둑), 주전자, 컵, 온도계, 거울, 휴지통, 기타 등이다.

2. 일과

일과란 교육훈련, 근무 및 내무생활 등 일일 과업을 말하며(기상, 점호, 국기 게양 및 강하, 식사, 오전 및 오후과업, 자율 활동시간, 취침) 등으로 구분한다. 군대는 1일 24시간 계획된 일과를 수행하기 때문에 일과표는 강제성을 지닌 명령으로 일과계획은 사전에 전 인원에게 전파하고 공휴일 및 휴무일에는 별도의 휴무계획서를 작성하여 시행한다.

2.1. 일조점호

일조점호는 하루를 시작하는 첫 일과로 인원파악과 건강상태를 확인하고, 애국가 및 육군복무신조 제창, 조국 기도문 낭독을 통해 확고한 국가관과 투철한 군인정신을 함양하기 위해 실시하는 행사이다.

2.1.1. 진행순서

① 점호집합
② 점호준비 보고
③ 인원 및 건강점검
④ 애국가제창
⑤ 육군복무신조 제창
⑥ 조국기도문 낭독
⑦ 지시사항하달
⑧ 점호 끝 보고 순이다.

체력단련 미실시 부대는 지시사항 하달 후 지휘관 책임 하 여건을 고려 국군도수체조 및 뜀걸음을 실시한다.

Tip 육군복무신조

우리는 국가와 국민에 충성을 다하는 대한민국 육군이다
하나, 우리는 자유민주주의를 수호하며 조국통일의 역군이 된다.
둘, 우리는 실전과 같은 훈련으로 지상전의 승리자가 된다.
셋, 우리는 법규를 준수하고 상관의 명령에 절대 복종한다.
넷, 우리는 명예와 신의를 지키며 전우애로 굳게 단결한다.

2.1.2. 국군도수체조 순서

① 다리운동
② 팔운동
③ 목운동
④ 가슴운동
⑤ 옆구리운동
⑥ 등배운동
⑦ 몸통운동
⑧ 팔다리운동
⑨ 온몸운동
⑩ 뜀뛰기운동
⑪ 팔다리운동
⑫ 숨쉬기 운동

2.2. 청 소

청소는 항상 청결하고 정돈된 환경을 조성하기 위하여 내무생활 임무분담제에 따라 자율적으로 실시한다. 내무생활 임무분담제란 내무생활 간 해야 할 과제를 도출, 열외 없이 임무를 부여하되 개인임무와 공동임무(분대단위)로 구분한다.

2.3. 식사

식사 시 단정한 복장과 즐거운 마음으로 질서를 유지한 가운데 규정된 시간과 장소에서 식사를 해야 하며, 취사장을 보유한 부대에서는 표준식단표 준수, 정량급식 및 위생을 감독하기 위해 매식사시 급양감독관을 임명하여 운용한다.

2.4. 과업출장 준비

과업은 주간 훈련예정표에 의거 진행되며 과업출장 전 각개병사는 청소 및 정돈, 과업준비(복장착용, 장비 · 교보재 · 작업도구준비, 군장결속 등), 필요시 일품검사 준비를 하며 분대장 이상 지휘자(관)는 인원 및 건강 확인, 복장 및 장비점검, 정신교육을 실시한다.

2.5. 상향식 일일결산 및 자율 활동 시간

오후과업이 종료되면 상향식 일일결산과 석식, 청소, 장비손질, 기타활동, 근무자 신고 및 동아리활동 등을 실시한다. 결산목적은 오늘 업무수행 결과 평가 및 도출된 문제점에 대한 대책을 강구하고 내일업무 확인 및 점검, 업무수행 간 예상되는 제한사항 해소와 지시 및 공지사항을 전파한다.

2.6. 일석점호

매일 취침 전에 인원 및 건상상태를 점검하고 하루를 결산하는 행사로 내무실에서 하는 것이 원칙이며, 필요시 내무실 밖에서도 실시한다.

2.6.1. 점호순서

① 점호준비 보고

② 인원 · 건강 · 장비 점검

③ 육군복무신조 제창

④ 지시사항하달

⑤ 기타활동(필요시)

⑥ 점호 끝 보고

2.7. 취침준비 및 소등

일석점호가 끝나면 취침준비 실시 후 22:00에 취침방송과 당직사관 통제 하 취침, 취침 시에는 하루를 반성하는 명상의 시간을 부여한다.

2.8. 경계부대 일과

GP, GOP, 해(강)안 경계부대는 부대의 임무와 여건 때문에 표준일과표를 적용하는 부대와 일부상이하게 일과표 적용 즉 점호, 식사, 과업출장 준비는 표준일과표를 준용하고, 합동근무 투입 및 철수는 별도로 적용한다.

2.9. 상근예비역 일과

상근예비역은 원칙적으로 내무생활을 미실시 한다. 다만, 작전, 훈련, 특정한 교육훈련 시에는 예외로 한다. 일반적으로 상근예비역 일과는 출근점호와 오전 및 오후과업, 식사, 퇴근점호로 구분하며, 퇴근점호를 제외하고는 표준일과표의 절차와 동일하게 적용한다.

2.10. 휴무일과

정상적인 근무일로부터 일정기간 동안의 휴식을 말하며, 정기휴무, 공휴일, 특별휴무로 구분한다. 정기휴무는 토요일 오후부터 일요일 일석점호 이전까지, 공휴일은 국가에서 지정한 휴무일, 특별휴무는 부대창설기념일과 진중휴무일이다. 휴무일 일과의 핵심은 휴식과 전투준비의 조화를 유지하는 것이다.

2.11. 비상소집

비상사태에 대처하기 위하여 군인 및 군무원을 긴급히 소집하는 것으로, 비상소집이 발령되었을 때에는 지체 없이 소속부대로 귀대해야 한다. 발령 시기는 국가비상사태가 발생한 때, 작전비상사태가 발생한 때, 천재지변, 기타 재난이 발생한 때, 기타 지휘관이 필요하다고 인정한 때 등이다.

3. 병영생활

중대급 이하 제대에서 병영행사는 주로 각종 신고(전입, 전출, 진급, 파견 및 출장)와 분대장 임명식, 총기수여식, 기타 행사(생일자 · 이등병 · 운전병 · 취사병의 날)가 이루어진다.

3.1. 각종신고

3.1.1. 전입신고

전입자에게는 편안하고 따뜻한 마음이 들도록 분위기를 조성하고 신고준비는 행정보급관이, 신고는 중대장이 종결하고 행정병에게 신고준비를 시키거나 소대, 분대, 내무실 신고는 일체 금지한다.

개인 장구류는 정비, 보수, 세탁하여 최대한 양호하고 깨끗한 상태로 지급하고 면담 시 정확한 신상파악(애로 및 건의사항 포함), 신병에게 부모와 전화통화 기회를 부여한다. 개인특기, 중대여건, 본인희망 등을 고려하여 보직을 부여하고 전입자 소개는 총기수여식과 병행한다.

3.1.2. 전역 및 전출신고

전역 및 전출자에게 중대발전에 기여했다는 자부심을 가지도록 격려한다. 전역 및 전출 당일까지 최선을 다하는 모습을 견지토록 유도한다. 개인화기 및 장구류는 정비, 보수, 세탁하여 1일전 반납하고 전역 및 전출신고는 최대한 신속하게 실시한다.

3.2. 총기수여식

전입신고 및 면담 후 연병장 또는 막사 앞에서 여건을 고려하여 실시한다. 총기수여식은 군인으로 거듭나는 행사이므로 엄숙하고 절도 있게 실시해야 한다.

선서문

하나. 나는 지급받은 총기를 나의 생명과 같이 아끼고 신성한 국방의 의무에만 사용 하겠습니다.
둘. 나는 지급받은 총기가 국민의 피땀인 세금으로 마련된 것임을 명심하고 내 몸과 같이 아껴 항상 청결히 보존하며, 사용가능한 상태로 유지하겠습니다.
셋. 나는 지급받은 총기를 어떠한 이유라도 타인에게 대여 또는 양도하지 않겠습니다.
넷. 나는 지급받은 총기의 관리소홀로 발생한 사고에 대하여 책임을 지겠습니다.

3.3. 분대장 임명식

전임 분대장 전역 1주일 전 · 후에 실시하며 분대장 인계인수는 사전 충분한 시간을 두고 실시하고, 소대장이 직접 확인한다. 보고서는 불필요하고, 인계인수 미흡 시 소대장 통제 하 인계인수 한다. 주요 인계인수사항은 지휘관(자)지휘의도, 분대원 신상파악 결과, 분대장비 및 물자, 지휘통솔 및 교육훈련 노하우 등이다.

4. 내무검사

내무검사는 제규정의 이행여부, 교육정도, 병기 · 시설 · 장비 · 비품 · 보급품의 보존상태, 명령지시의 숙지 및 실행상태 등의 점검을 통해 미비점을 도출하여 보완함으로써 완벽한 전투준비태세를 유지하는데 있다.

4.1. 내무검사의 종류

정기내무검사는 주말, 월말 또는 연말에 정기적으로 실시하는 내무검사로 통상 지휘관이 주관하지만 위임하여 실시가 가능하고, 수시검사는 불시에 실시하거나 별도지시에 의거 실시하는 내무검사로 지휘관 또는 지휘관이 지명한 장교 · 준사관 · 부사관, 당직근무자가 실시한다.

4.2. 준비사항 및 수검요령

지시된 복장으로 내무실 침상위에 일석점호와 동일한 대형으로 정렬하고 행정병 및 기타 근무병은 해당지역에 위치한다. 모든 출입문 · 책상서랍 · 서류함 개방, 장비정돈, 현황을 유지한다.

제2절 근 무

1. 근무

근무란 부대의 인원과 재산을 보호하고, 규율과 보안을 유지하며, 각종사고를 예방하고, 비상사태에 대비하기 위하여 실시하는 제반활동이다. 당직근무는 통상 일일단위로 교대하기 때문에 일직사관(사령)이라 부르는 경우가 있는데 당직사관(사령)이라 해야 한다. 당직근무는 당직사관, 당직부사관, 당직병, 위병근무는 위병조장과, 초병, 기타근무는 불침번, 군기순찰 등이 있다.

근무 편성 시 유의사항으로 모든 계급과 직책에 따라 공정하게 편성하고 위병, 초병, 불침번 근무 편성 시 분대건제를 유지하되, 불가피할 경우 소대건제를 유지하고 가급적 상병이상과 선임병과 일병이하의 후임병으로 혼합 편성한다. 1회 근무시간은 1시간 이상 2시간 이하로 편성하고 개인의 정신적, 육체적 건강상태를 확인한다. 경계근무 명령서는 근무실시 36시간 전에 알림판에 게시한다.

2. 당직근무

당직근무란 일과시간 지휘관의 명을 받아 군기유지, 제규정 이행, 인원 · 물자 · 시설보호, 기타 각종 사고예방을 목적으로 하는 근무이다. 당직사관은 위관 및 부사관, 당직 부사관은 분대장 및 병장, 당직병은 상병이상으로 편성한다.

2.1. 당직사관

지휘관 또는 당직사령의 지시를 받아 과업 종료시간부터 익일 과업개시시간까지 지휘관을 대리하여 근무한다. 점호, 순찰, 위생검사, 장비 및 보급품 검사 등을 통하여 제규정 이행 및 군기유지, 인원 통제, 근무자의 근무상태, 장비관리 상태, 화재 및 도난예방, 위생상태 확인 및 감독 등 필요한 조치를 강구한다. 근무자 총기, 탄약 불출 및 반납을 확인하고 사고발생시 필요한 조치 후 지체 없이 당직사령 또는 지휘관에게 보고한다.

2.2. 당직부사관

당직사관의 지시를 받아 근무하며

① 인원 및 장비현황 파악

② 근무자 인솔 및 교대, 순찰

③ 과업진행사항 전파 및 통제

④ 일조 및 일석점호 시 병력통제 및 보고

⑤ 당직사관 순찰시 당직 근무실 위치

⑥ 청소 및 정리정돈 등 기타 당직사관이 지시한 사항 등을 확인한다.

당직사관의 지시에 의거 순찰 간 제규정의 이행 및 군기유지, 인원통제, 근무자의 근무상태, 군용물의 관리유지, 화재 및 도난 예방, 위생상태를 확인하여 필요한 조치를 취하고 당직사관에게 보고한다. 환자, 출장, 식사 및 기타 변동인원 파악 후 당직사관에게 보고한다.

2.3. 당직병

당직사관(당직부사관)의 지시를 받아 근무하며

① 인원 및 장비현황 파악

② 과업진행사항 전파

③ 청소 및 정리정돈상태 확인

④ 기타 지시받은 사항 등을 확인한다.

3. 위병근무

위병근무란 부대의 인명과 재산을 보호하고, 규율과 질서를 유지하며, 영문출입자 통제, 군사비밀 보호, 화재예방 등을 목적으로 하는 근무이다. 위병조장은 대대급 이하부대는 분대장 또는 병장, 초병은 상병이상 선임병과 일병이하의 후임병으로 혼합 편성한다.

3.1. 초 병

지정된 초소에 배치되어 근무하는 자를 말하며, 초병은 정당한 사유 없이 자신이 근무하는 초소를 이탈해서는 안 되고, 지정된 시간 내에 초소에 위치하여야 한다.

3.2. 초병의 권한

① 초병은 경계근무 상 상관 외 누구의 지시도 받지 않는다.

② 초병은 수하 불응자에 대하여 포획하거나 무기 사용이 가능하다.

③ 초병은 출입하는 모든 인원과 차량에 대하여 필요시 검문검색을 실시한다.

3.3. 초병의 무기 사용 시기

① 신체, 생명 또는 재산을 보호함에 있어서 그 상황이 급박하여 무기를 사용하지 아니하면 보호할 수 없을 때

② 야간에 3회 이상 수하를 하여도 이에 불응하거나 도주 또는 초병에게 접근할 때

③ 폭행을 당하거나 또는 당할 우려가 있을 경우 그 상황이 급박하여 자위 목적상 부득이 할 때이다.

3.4. 수하요령

① 손들어!

② 움직이면 쏜다!

③ 암구호(문어 및 답어)

④ 누구냐!

⑤ 용무는!

⑥ (   )보 앞으로 또는 옆으로

3.5. 보 고

① 최초보고는 상황발생시 즉시 인지한 사실 그대로 신속하게 보고한다.

② 중간보고는 최초보고 사항 중 변경되었거나 수정된 사항 위주로 정확하게 보고하고 진행사항을 6하 원칙에 의거 수시로 보고한다.

③ 최종보고는 감시 및 식별, 전반적인 조치내용을 상황발생시 부터 종료 시까지 종합하여 보고한다.

4. 기타근무

4.1. 불침번

일석점호 직후부터 익일 기상 시 까지 당직사관의 지시를 받아 근무하며 내무실의 출입자 감시, 화재 및 도난예방, 환자파악을 한다.

근무 간 수시 확인사항으로는

① 인원 및 장비

② 화재 및 도난 예방

③ 환자유무(발생 시 즉시 보고)

④ 내무실 환기 및 온도 점검(동계 18℃ 유지)

⑤ 근무자 근무시간 통보

⑥ 각 병사의 취침상태 점검

⑦ 기타 지시된 사항을 확인한다.

4.2. 군기순찰

지휘관의 명을 받아 영내 · 외 순찰, 군기유지를 유지하고 질병치료 또는 기타보호 필요시 진료안내 및 보호, 경미한 군기 위반자는 현지에서 교정하고 중요 군기위반자는 소속부대 또는 인근 헌병대에 통보 및 인계한다.

주요 확인사항으로는

① 규정된 복장 착용

② 경례, 보행군기(탈모 및 입수보행, 보행 중 흡연 및 취식)

③ 내무부조리 및 안전예방 활동

④ 환경보전 활동

⑤ 기타 지시된 사항을 확인한다.

제3절 복 지

1. 복지

개인 기본권을 보장하고, 일상생활에서 발생하는 욕구를 충족시켜 근무의욕을 고취시키는 활동으로 면회, 외출 및 외박, 휴가, 종교 활동, 우편물교환, 통신 등이 포함된다. 궁극적으로는 업무의 능률과 전투력 증진에 기여하는 것이다.

2. 면회

병은 원칙적으로 휴무일에만 면회가 가능하고 평일에는 불가하다. 단, 부득이한 경우 대대장급 이상 지휘관 승인 후 지정된 장소에서 면회는 가능하다. 면회실은 위병소 부근에 설치함이 원칙이나 예외적 상황을 고려하여 별도의 장소에도 설치가 가능하다.

면회 시에는 지정된 장소에서 고성방가, 소음, 음주행위를 금지하고 쓰레기는 되가져 간다. 또한 부대를 배경으로 사진촬영을 하여서는 안 된다.

3. 외출 및 외박, 휴가

3.1. 외출 및 외박의 구분

① 정기외출 : 공휴일에 정기적으로 허가하는 외출

② 특별외출 : 포상, 위로, 특수한 사정으로 특별히 허가하는 외출

③ 공용외출 : 업무연락 및 기타 공무수행을 위해 실시하는 외출

④ 외박 : 특별한 사유가 있거나 특별한 기간에 영외에서 숙박하고 귀영하는 제도

※ 외박시간은 48시간을 초과할 수 없으나, 공휴일이 지속될 경우 72시간까지 허가 가능하

며, 21:00까지 귀영해야 한다.

3.2. 휴가

휴가는 실시목적에 따라 연가, 공가, 위로휴가, 포상휴가, 청원휴가, 기타휴가(전역전 휴가, 장기근속휴가, 재해구호 휴가)로 구분한다. 휴가는 보직병력의 15% 이내로 제한한다.

3.3. 사적용무 해외여행

장관급 지휘관(육직부대 : 영관급 지휘관)의 승인 하에 친족의 경조사 및 질병치료, 휴가 중 국외여행을 목적으로 수교국가중 무관주재국 및 겸임국에만 여행이 가능하다. 지금은 중단된 금강산 여행은 장병, 군무원, 사관생도, 사관후보생, 피교육생, 군 고용원은 불가하지만 국방부 장관 승인 시에는 가능하다.

4. 우편물 교환

영내 거주하는 장병이 편지, 전보, 소포 등을 외부인이나 영내인원에게 보내고 받는 것으로 군사우체국을 통하는 것이 원칙이지만 상급부대 승인 시에는 민간우체국을 통해서도 가능하다.

우편물은 최대한 신속하게 수발되도록 조치하고 영내거주 군인은 면회자 및 기타 인편을 이용하거나 민간인 주소 또는 명의를 빌려서 우편물발송을 금지한다. 또한 모든 우편물은 통신비밀 보호법 제3조(통신 · 대화비밀의 보호)법률에 의하지 아니하고는 검열이 불가하다.

5. 통신

5.1. 군용전화

전화를 걸때는 자신의 근무처와 계급, 성명을 말한 다음 간단명료하게 용무내용만 통화하되, 비밀사항은 반드시 보안장비 또는 음어통화를 활용한다. 전화를 받을 때는 신호음이 울리면 최단시간 내 받고, 자신의 소속(근무부서), 계급, 성명을 밝힌다.

5.2. 인터넷(인트라넷)

인터넷은 장관급이상 지휘관 승인 하 설치가 가능하며 보안조치를 강구해야 한다. 인터넷 보안을 위해서는 국방정보통신망(인트라넷) 및 기타 컴퓨터와 분리해야 하고 침입차단 · 탐지시스템 등을 이용하여 외부로 송신되는 모든 자료에 대한 통제를 강구하고 인가된 인원만 사용한다.

6. 종교 활동

종교 활동은 군인으로 하여금 올바른 인생관과 가치관을 확립하고, 신앙전력화로 무형전투력을 극대화하기 위한 요소이다. 각급 부대 지휘관은 군에서 인정하는 종교를 수요일 자율 활동시간 및 일요일 종교 활동시간에 임무수행에 지장이 없는 범위 내에서 자유롭게 종교 활동을 할 수 있도록 여건을 보장한다.

군인은 자기가 신봉하는 종교를 이유로 임무수행에 위배되거나 군의 단결을 저해하는 일체의 행위를 금지하고 지휘관 또는 군종장교는 개인적으로 신봉하는 종교를 장병에게 강요해서는 안 된다. 또한 종교적인 편견을 가지고 부대를 지휘하거나 장병들에게 영향을 주어서는 안 된다.

제4절 병영관리

1. 병영관리의 개요

병영관리란 병영 내 인원, 장비, 물자, 시설 등을 효율적으로 관리하는 활동으로 전투력을 극대화 시키고 사고예방에 기여함에 있다.

1.1. 병영생활 행동강령

① 분대장을 제외한 병 상호간 명령이나 지시, 간섭을 금지한다.

② 어떠한 경우에도 구타 및 가혹행위를 금지한다.

③ 폭언 · 욕설 · 인격모독 등 일체의 언어폭력을 금지한다.

④ 언어적 · 신체적 성희롱, 성추행, 성폭행 등 성군기 위반행위를 금지한다.

2. 병원관리

병원관리란 전투력을 구성하는 병력을 효과적으로 관리하는 제반 활동으로, 중대에서는 신상파악, 전입신병과 보호 및 관심병사관리, 내무부조리 근절, 건강관리 등이 주요 업무이다

2.1. 신상파악

성장환경, 개인특성, 부대생활, 당면문제를 면담, 관찰, 조언, 개인의사, 각종기록, 과학적 기법(교우도식, KMPI, 바이오리듬 등)을 활용한다.

2.2. 신상파악 시 착안사항

① 상대방이 자연스럽게 이야기할 수 있는 분위기를 유도한다.

② 감시당하고 있다는 느낌이 들지 않도록 신상 파악한다.

③ 말을 하기보다는 듣는 입장에서 대화한다.
④ 신상 파악 시 인지한 내용은 특별한 경우가 아니면 문제 삼지 않는다.
⑤ 어느 한 가지 방법으로 파악한 결과를 신봉해서는 안 된다.
⑥ 간부라고 신상파악을 소홀히 해서는 안 된다.
⑦ 신상파악내용은 생활지도기록부에 기록한다.

2.3. 보호 및 관심병사 관리

① 신상파악 결과를 기초로 문제점을 입체적으로 정확히 파악하여 적시적절하게 조치
② 부대 내 모든 조직을 이용하여 관리
③ 부모, 가정, 친구, 동기 등과 연계하여 관리
④ 간부 및 군종장교, 병영 상담관과 1:1 관리
⑤ 마약, 정신이상자, 질병자 등은 전문가의 도움을 받아 조치
⑥ 격려 및 칭찬 등으로 군 생활에 자신감을 가질 수 있도록 하고 달성 가능한 임무를 부여하여 성취감을 고취시킨다.

2.4. 내무부조리 근절

내무부조리의 유형에는 구타, 가혹행위, 암기강요, 성군기 위반, 금전거출, 기타 등이다. 성군기 위반이란 성을 매개로 군기강을 문란하게 하여 부대단결을 저해하거나 군 위상을 실추시키는 성희롱, 성추행, 성폭행을 말한다.

2.5. 건강관리

군인의 건강을 유지하고, 체력을 향상시켜 군의 전투력을 극대화시키기 위한 보건, 위생 및 체력단련 활동이다.

2.5.1. 위생관리: 개인위생, 부대위생, 야전위생, 위생 점검

① 개인위생은 구강, 손, 발, 목욕 및 세탁, 두발상태를 점검한다.
② 부대위생은 취사장 및 식당, 화장실 및 세면장, 저수탱크, 피복등 기타위생으로 구분, 관리한다.
③ 야전위생은 숙영시설, 취사장, 화장실, 쓰레기 분리수거장을 확인하고 관리한다.
④ 위생 점검은 개인위생(일일), 위생시설(주 1회 이상), 신체검사(월 1회 이상 간이신검, 연 1회 이상 정밀신체검사)

2.5.2. 질병관리

전염병 관리, 계절별 주요 질병관리

① 봄, 여름은 무좀, 식중독 및 세균성 이질, 수인성 전염병(콜레라, 장티푸스), 유행성 결막염(아폴로 눈병), 사교상(뱀), 온열손상(열경련, 열피로, 열사병), 말라리아 등을 집중 관리하여야 한다.

② 가을, 겨울철은 유행성출혈열, 렙토스피라증, 쯔쯔가무시증, 한랭 손상 등이 있고 기타 내성발톱, 봉와직염, 옴, 황사 등을 집중 관리하여야 한다.

③ 전염병의 분류 및 조치는 제1군 전염병(콜레라 등)은 발생 즉시 격리하고 제2군 전염병(일본뇌염 등)은 예방접종을 하며, 제3군 전염병(유행성출혈열 등)은 발생즉시 군단 지원병원급 이상 병원부대로 후송한다.

2.5.3. 환자관리

진료, 입원, 민간병원 위탁진료, 퇴원

① 진료는 가장 가까운 군 의무시설에서 1차 진료 후 정상적인 외래진료 절차에 따라 조치한다.

② 입원(입실)은 근거리 지원 군 의료시설로 전속(입원)명령을 발령하고 전공 상 구분 란에 반드시 전상, 공상, 비전공상 분류하여 기입한다.

③ 퇴원하는 인원은 병원에서 발부하는 「퇴원환자 건강정보지」를 적극 활용하여 조기적응에 노력한다.

④ 응급환자는 일보변경 약속표 등을 지참하여 가까운 병원(민간병원 포함)으로 후송하고 민간병원으로 후송 시는 응급처치 후 즉각 군 병원으로 후송한다.

⑤ 민간병원 위탁진료는 군 의료지원 능력이 미치지 못하거나 환자상태가 위급하여 군 의료기관으로 후송이 제한 될 때 민간병원에서 응급처치 한다.

3. 시설관리

시설관리란 부대에서 보유하고 있는 시설을 사용가능 상태로 유지하기 위하여 수행하는 시설보수 및 유지업무를 담당한다.

3.1. 시설보수

(1) 격별보수는 건물 재산가격의 3% 이내는 사용부대에서 보수한다.

① 월 1회 이상 시설물점검(시설전담 부사관)보수소요 확인하고 점검결과 건물 예방보수 점검카드에 기록 및 건의한다.

② 행정보급관은 건물 예방보수 점검카드를 근거로 보수소요를 작성하여 지휘관에게 보고한다.

③ 매분기 초 자금수령 및 물품구매 후 부대일지에 기록한다.

④ 시설물 보수 결과 부대일지 및 건물이력카드에 기록을 유지하고 사용결과는 지휘관과 상급부대에 매 분기 말 보고한다.

(2) 소규모 보수(위임 및 지정보수)는 대규모 보수방지를 위해 시설물 재산 가격의 4~20%까지 투자하는 보수이다. 행정보급관은 주기적으로 시설보수사항을 건의하고 공병부대는 부대시설 보수 계획에 반영하여 보수한다.

(3) 대규모 보수(계획보수)는 시설물 수명을 현저히 증가시키기 위한 보수로써 군사령부, 육군본부의 계획에 의하여 보수한다.

3.2. 시설물의 관리

모든 건물은 일련번호를 부착하고 출입문 좌측상단에 건물 이력카드 함을 설치하여 건물이력카드를 비치하고 월 1회 이상 점검 후 기록한다. 또한 관리하고 있는 건물에는 관리책임자(방화, 건물)를 임명하고 건물입구 상단에 표찰을 부착한다. 모든 열쇠는 행정반에 통합보관 열쇠함에 보관하고, 통합 열쇠 함 열쇠관리는 주간에는 행정보급관, 야간에는 당직사관이 휴대하여 관리한다.

4. 장비관리

장비 및 보급품은 전투준비태세 유지를 위한 핵심요소로서, 철저한 예방정비와 주기적인 점검 및 손질을 통해 항상 가동상태를 유지함으로써 전투준비태세 완비에 기여한다.

전투준비태세를 완비하기 위해서는 장비별 관리 책임자 임명(정 · 부) 및 운용, 장비별 수리부속 및 부수기재 확보, 고장 발생 시 원인 분석 교육, 관리병 정비능력 상태 점검(월 1회) 및 정비여건 보장, 장비취급 및 정비요령 숙지 등이다.

5. 보급품 관리

전투력을 유지하고 향상시키기 위해서는 보유하고 있는 보급품을 경제적이고 효율적으로 관리하여 사용하는 것이 중요하므로 전 장병은 보급품 애호정신과 주인정신을 가져야 한다. 주기적으로 보급품관리의 중요성 및 관리요령을 교육하고 개인보급품 주기표를 부착하여 실명제 관리를 하며 내무검사, 일품검사, 일석점호 시 개인보급품 보유 및 관리실태를 확인한다.

일품검사는 부대 보유물자를 분기 1회 검사하는 것으로 상시 부대 전투준비태세 유지에 기여할 뿐만 아니라 실 소요량을 산출하기 위한 기초가 되는 중요한 활동이다.

6. 환경보전

주둔지 자연환경 보전 및 쾌적한 생활환경 조성으로 병영생활의 질을 향상시키고, 환경 친화적인 활동으로 녹색병영을 건설하는데 있다.

6.1. 환경보전 이유

대부분 주둔지가 상수원 지역에 위치하여 수질에 영향을 미치고 있으며 부대전술공사, 훈련, 작전 시 불가피한 자연훼손 발생하고 있다. 병영생활로 인한 환경오염 유발요인 상존하고 자연생태계의 보고인 비무장 지대 및 민통선 지역을 관리해야 한다.

① 수질오염 예방활동을 위해서는 부대에서 사용하는 물은 최대한 절약하고, 합성세제 사용을 억제하고, 폐식용유는 처리기준을 준수한다.

② 폐기물 오염예방활동 위해서는 폐기물 감량화 노력, 쓰레기 분리수거, 수집 및 매각 등을 통하여 예방한다.

③ 음식물 쓰레기는 병영생활에서 가장 많이 발생(35%)되는 것으로 규정대로 처리하지 않으면 토양 및 수질오염의 원인이 된다.

6.2. 야외훈련 간 환경보전

① 폐기물은 전투식량, 음식물 쓰레기, 각종 분리수거용품 등을 정리하여 훈련장에 남지 않도록 전장정리를 하여야 한다.

② 자연훼손은 무분별한 벌목과 쓰레기무단매립, 숙영흔적 방치, 진지축성 후 미복구 등이며 훈련 전 환경보전에 대해 교육시켜야 한다.

제5절 인 사

1. 인사관리

1.1. 복무유형별 의무복무기간

복무유형별 의무복무기간과 장학금 및 위탁교육 수혜를 받았을 경우 추가 복무기간을 제시

1.1.1. 복무유형별 의무복무기간

① 장기복무자 : 7년

② 단기복무자 : 남·여군 4년

1.1.2. 군복무가산지원금 수혜를 받은 자의 추가 복무기간

① 임관 전 군복무가산지원금 받는 부사관으로 선발되어 수혜를 받은 자 : 수혜기간(1년 연장 복무)

② 복무 중 야간 위탁교육 수혜자 : 수혜기간의 1/2

* 야간 위탁교육은 부대에서 근무하면서 교육을 받는 것임.

③ 복무 중 외국유학 수혜자 : 수혜기간의 2배

1.2. 군인의 계급과 부사관의 서열

군의 계급과 명칭, 그리고 부사관의 서열을 명확히 이해하고, 군에 종사하는 군무원과의 관계, 그리고 일반직 공무원과의 관계를 이해

1.2.1. 군인의 계급과 명칭

장교는 장관·영관 및 위관으로 구분한다.

① 장관 : 원수, 대장, 중장, 소장, 준장

② 영관 : 대령, 중령, 소령

③ 위관 : 대위, 중위, 소위

④ 준사관은 준위로 한다(준위는 장교로 분류).

⑤ 부사관 : 원사, 상사, 중사, 하사

* 부사관 후보생의 서열은 하사 다음으로 한다.

⑥ 병 : 병장, 상병, 일병, 이등병

* 훈련병은 이등병에 속한다.

1.2.2. 주임원사의 서열

① 주임원사는 해당 부대 부사관 중 최고의 서열

② 주임원사는 직책에 대한 서열로써 각종 행사시 해당 부대의 참모 서열을 적용

③ 주임원사는 계급이 아닌 직책으로써 계급서열(준위 다음)과 직책서열(해부대 참모)을 적용

2. 교육 및 선발

2.1. 국외군사교육

미래 국방환경 변화에 주도적 역할을 수행할 수 있는 핵심 전문인력 육성과 군 정보화·과학화를 주도할 선진 군사지식 습득 및 해외 지역전문가 양성, 우방국 협력 증진을 위한 능력개발 교육제도

① 지원자격 : 중사 이상의 장기복무자

② 평가요소는 개인자력(평정, 교육, 상훈, 경력, 잠재역량)와 어학능력, 면접임.(시기 및 평가요소는 당해 연도 지침에 의거 변경가능)

* 격오지, 접적지역 근무자는 우대방침에 의거 가산점 부여

2.2. 능력개발 국비 위탁교육

직무수행능력 향상 및 자기발전을 위하여 국내 야간 대학(교), 사이버대에 개인 학비로 다니는 인원을 선발하여 장학금을 지원하는 교육제도

① 지원자격 : 장기복무 부사관

② 평가요소 : 평정, 교육성적, 경력평가, 상훈으로 구분

③ 학비지급 기준 : 석·학사(야간) 4개 학기, 전문학사(야간) 4개 학기

* 사이버과정 : 학사(4-8개 학기), 전문학사(4개 학기)

④ 선발기준

㉮ 교육 이수 후 추가 가산복무(수학기간의 1/2)

㉯ 국비 위탁교육을 받은 실적이 없고, 처벌 및 과사실이 없는 자원

㉰ GOP, 해·강안 등 격오지 근무간부 사이버과정 위주 선발

㉱ 병과 및 직군, 직무 등을 고려 전공학과 범위에서 선발

⑤ 제한사항

㉮ 통학거리 1시간 이상 선발제한(사이버과정 제외)

㉯ 즉각 출동 및 대기가 요구되는 직위제한

㉰ 국비 위탁교육 기 수혜자는 선발불가

2.3. 군사영어반

연합작전 수행능력 구비 및 우수한 어학자원 육성을 위한 교육과정

[1] 지원자격

중사이상 장기복무 및 장기예비 선발자, 어학능력(TOEIC, TEPS) 450점 이상자

[2] 평가요소

평정, 교육, 경력, 상훈, 영어능력(선발시험), 잠재역량

[3] 선발 시 제한사항

① 근무태도 불성실자, 악성 사고자 및 군 위신 실추자

② 보수교육 중이거나 교육이수 후 장기 활용이 제한되는 자

③ 지휘관 의견 및 근무평정에 불성실자로 평가된 자

④ 현 직책에서 보직기간이 만 10개월 미 경과자

2.4. 해외파병

국가를 대표하는 국제 평화유지를 위해 해외파병 임무를 수행할 인원을 선발하는 제도

① 선발계획 및 공고는 육군 인트라넷 공지사항

② 파병기간은 진급 경력 평가 시 해 계급 필수직위 및 격오지 근무로 인정

③ 파병기간 동안 해외파병 수당지급

④ 평정, 지휘관의견서 등 부대에서 성실하게 근무한 인원을 선발하므로 현재 근무하는 직위에서 성실하게 근무하고, 자기관리가 철저해야 한다.

2.5. 장기복무자 선발

장기복무자란 본인의 지원에 의거 선발되어 의무복무기간 7년 이상 근무자

① 선발시기 : 매년 10월(년 1회)

- 남·여군 : 임관 4년차 장기예비자로 선발 후, 6년차에 장기복무자로 확정

② 평가요소 : 근무평정, 지휘추천, 교육성적, 심층면접, 상훈, 격오지 근무, 의견서, 심사위원 평가(잠재역량, 질적평가)

* 지휘추천 배점 비중이 크므로 임무에 대한 열정적 근무자세 필요.
* 특기분야 잠재역량(경연대회 상장, 자격증, 학위 취득 등)을 보완

3. 보직관리

3.1. 보직관리 개념 방향

편제된 계급과 직군 직위에 보직되어 최소 12개월 이상 복무하고, 편제직위 보직 불가시 동일병과 내에 보직 가능함을 제시

3.1.1. 보직관리

① 편제된 계급과 직군 직위에 보직함을 원칙으로 하되 편제직위 불가시 동일 병과 내 보직가능

② 최소한 1개 직위에 12개월 이상 보직

③ 상위직위 보직 시에는 장기복무자 또는 진급예정자 우선 보직

* 주임원사 직위는 공통으로 보직할 수 있음

3.1.2. 순환보직

① 순환보직으로 폭넓은 업무능력 배양

② 단계별 보직관리로 업무능률 향상

③ 동일 직위 장기근무로 인한 권태감 해소 및 복무의욕 고취

④ 필수직위 미수행시 진급에 불이익, 다양한 제대 및 직책 근무해야 한다.

3.2. 인사교류

전방과 후방지역에서 근무하는 인원들이 상호교류를 통해 근무의욕을 고취하고 근무 형평성을 보장하기 위해 시행하는 제도

3.2.1. 교류

① 전 · 후방교류 : 1 · 3군 10년 이상 장기 근속자 중 희망자

② 측방교류 : 1 · 3군 전입 후 3년 이상 근무자 중 희망자

3.2.2. 교류방법

① 육 · 국직부대 및 2작사 근무 부사관은 1 · 3군으로 전원교류

② 1 · 3군 근무 부사관은 육 · 국직 및 2작사로 교류

③ 측방교류 희망자는 1군과 3군 상호교류

④ 후방 부대로 교류는 1 · 3군에서 장기 근속한 인원을 우선분류

⑤ 부부군인, 다자녀, 고충부사관 등은 개인 우대규정, 희망지역 근무가능

* 희망지역에서 근무 후 인사유형별 혜택기간이 종료되면 원복 또는 최소근무지 고려 재분류

3.3. 초임부사관 부대분류

초임부사관은 육군부사관학교에서 양성교육을 수료한 인원을 대상으로 무작위 공개 전산분류하고, 해당 병과별 최하급 제대에 보직

3.3.1. 보충부대 판단

① 육본(군별) ⇒ 군사령부(사 · 여단별 보충판단) ⇒ 육본(공개전산분류)

② 현역자원 : 원소속 부대 복귀(부대별 초과직군은 타부대로 보충)

③ 민간자원 : 부대별 인력운영수준을 고려하여 보충

* 특전사, 정보사는 자체적으로 획득하여 교육 후 보충

3.3.2. 선발보충 직위

① 1배수 선발 : 수방사 35특공대 및 33헌병대

② 1.5배수 선발

　㉮ 수방사 : 1경비단, 55경비대대, 특수임무대 여군

　㉯ 학교기관 분대장 및 반장

　㉰ 국방부 및 육본 의장대대, 심리전단 여군

③ 2배수 선발 : 화방사 특임대대

③ GP, GOP, 해 · 강안부대로 분류되어 보직되면 진급, 장기복무 선발 시 격오지 및 접적부대 근무 가산점 부여

3.4. 여군부사관 인사관리

여군은 모든 직위에 보직이 가능하나 부대 임무, 특성과 장점을 고려하여 전 · 평시 동일한 임무수행이 가능토록 인사관리

3.4.1. 인사관리 유형

남군과 동일하게 필수직위 이수

① 일반직위 : 남군과 동일한 기준을 적용하여 운용하는 직위

② 특수직위 : 특정 임무수행을 위해 최초 모집 시 선발하는 직위

* 특전 · 의장 · 헌병부사관, 정보사 특수요원, 체육선수

③ 행정지원 부사관 : 육 · 국직부대 부 · 실장 및 군급부대 지휘관을 보좌하는 직위

3.4.2. 보직 제한직위

① 강인한 체력 및 직무를 요구하는 전투부대 또는 직책

② 수색, 정찰 등 특수작전 임무수행부대 또는 직책

③ 지리적 위치 및 적과 직접적인 교전 가능성이 있는 부대 등

3.5. 선발직위

육본 선발심의에 의거 보직되며, 보직기간 통제 등 별도의 인사관리를 적용하는 직위

3.5.1. 선발 절차

① 선발계획 공문하달 및 인트라넷, 국방일보에 공개

② 선발심의 : 육본 인사사령부

3.5.2. 선발직위

① 한미연합사, 한국군지원단, JSA 경비대대 : 전 직위(영어필수)

② 화생방 방호사령부(24특임대대) : 화학부사관(191특기) 직위

③ 국군복지단, 인사 사 재경근무지원단 : 클럽 및 회관관리 직위

④ 학교(교육)기관 : 교관, 중대장, 소(부소)대장, 학생대장, 훈련부사관, 관찰통제관

3.5.3. 선발직위 인사관리

① 훈련부사관 기본임기 3년 + 추가연장 2년, 총 5년 이상 근무한 인원은 개인이 희망하는

지역으로 분류

② 기타 직위 임기 만료자는 인력운영수준과 최소근무지를 고려, 분류

3.6. 고충부사관 인사관리

고충사유 해소가 가능하도록 희망하는 지역에서 복무할 수 있는 제도

3.6.1. 고충의 정의

직계 존·비속, 형제·자매, 처가 부모에게 발생된 인적·물적 고충사유로 인해 본인의 보직 이동을 통해 조치하지 않으면 안 되는 경우

3.6.2. 기준

[1] 인적고충

입원 치료기간이 최소 3개월 이상 요구되는 환자 및 직접 부양하는 장애인이 있는 경우(본인 포함)

* 장애인은 1급 또는 2급으로 한정

[2] 물적고충

본인이 아니면 가사 및 생계유지가 곤란한 경우

[3] 기타

배우자 사망 또는 이혼으로 현 근무지에서 초등학교 취학 전 자녀 양육이 곤란한 경우

* 신청대상 : 1년 이상 복무한 자(전역 1년 이내 자 제외)

3.7. 청원휴직 및 복직

개인의 유학 및 연수, 병간호 등을 목적으로 현재의 신분은 보유하면서 직무수행을 일시적으로 해제 및 환원하는 제도

3.7.1. 휴직종류 및 기간(장기복무부사관 대상 적용)

① 자비로 해외 유학 시 : 2년 이내

② 참모총장이 정하는 연구기관, 교육기관 등에서 자비연수 시 : 2년 이내

③ 장기간 요양을 필요로 하는 부모, 배우자, 자녀, 배우자의 부모 간호를 위해 필요한 때 : 1년 이내(복무기간 중 총 3년 이내)

3.7.2. 휴직 및 복직 명령권자

① 자비유학 및 연수 시 : 참모총장(인사사령관)

② 기타 청원휴직 : 장관급 부대장

③ 6개월 이상 휴직자는 휴직 전 부대로 우선 분류하며, 제한 시 타부대 재분류

④ 6개월 미만 휴직자는 근무하던 부대의 직위를 공석으로 운영하다 복직 시 재보직

* 휴직기간은 복무기간에 포함되지 않으며 급여가 지급되지 않음.

3.8. 보직해임

도덕적 결함이 있거나 직무수행능력이 부족한 자에 대하여 현 임무수행을 강제로 해제하는 조치

3.8.1. 보직해임 이유

① 직무유기, 근무태만, 항명, 폭행, 상해, 가혹행위, 군무이탈자

② 공정의무, 청렴의무, 비밀엄수, 품위유지 위반자

③ 직무수행에 성의가 없거나 포기한 자

④ 기타 군 발전에 저해가 되거나 도덕상 결함자

3.8.2. 보직해임 시 불이익

① 국내 · 외 위탁교육, 해외파견, 진급 등 각종 선발제한

② 진급 및 장기복무 선발 시 감점 적용(각 -3점)

3.8.3. 보직해임 심의

① 심의부대 : 연대급(대령급)이상

② 심의의원(3~7명) : 장교 및 최선임 부사관 1명

③ 보직해임 시 추가로 형사 처벌 및 징계, 현역복무 부적합 조사위원회 회부

④ 보직해임이 처분된 날로부터 30일 이내에 인사소청(법무부)을 할 수 있음

3.9. 후송복귀자 인사관리 기준

질병이나 사고로 군병원에 입원한 후 소속대로 복귀한 부사관의 인사관리 제도

3.9.1. 보직관리

① 후송복귀자는 후송 전 직위에 보직함이 원칙

② 장기간 입원 시에는 부대 임무 및 후임자 보충을 고려하여 타 직위로 조정될 수 있다.

3.9.2. 진급관리

① 전·공상인 경우 입원기간에 관계없이 인사관리 상 불이익이 없다.

㉮ 전상은 적과의 교전, 전투 중 발생한 상이자를 말함.

㉯ 공상은 공무수행 중 또는 공무와 관련된 사고 및 재해로 발생한 상이자

② 비전·공상인 경우(음주운전 등 공무이외 사고)

㉮ 퇴원 시까지 진급심사 대상에 제외

㉯ 입원한 날로부터 6개월이 경과되면 휴직조치

㉰ 휴직기간은 1년 이내로 하고 그 기간이 만료될 때까지 복직되지 않을 시 병원에서 전역조치

* 휴직 : 부사관 신분은 보유하나 직무수행을 일시적으로 해제하는 행위

3.10. 군사특기 재분류

특기(직군)별로 인력운영수준이 불균형하거나 부대개편, 직군 신설 등의 사유 발생시 육본계획에 의거 특기(직군)를 변경하는 제도

3.10.1. 지원자격

① 군 복무 중 선발되어 국외 군사교육을 6개월 이상 이수자

② 변경하고자 하는 특기관련 전문자격증 및 면허증을 취득했을 때

3.10.2. 선발절차

직군별 인력운영 수준을 고려하여 재분류, 헌병수사관 및 기무요원은 해당 직무교육 수료시 재분류

[1] 선발 시 고려요소

① 직군별 인력운영수준을 고려하여 선발

② 지원한 직군 관련 자격증, 학위(전공분야), 직군분야 경력 등 개인의 자력을 확인하여 종합평가

③ 심의에 적용되는 자격증 및 학위 등은 기록변경 보고된 사항만 적용

* 군사특기 재분류는 육군계획에 본인이 희망하는 특기가 있을 경우 가능

4. 진급관리

4.1. 근무평정

근무평정은 개인의 업무실적, 능력, 자질 등을 객관적으로 평가하며, 지휘권확립과 교육 · 진급 · 장기복무 선발 등에 필요한 인사관리의 기본 자료로 활용

4.1.1. 근무평정 작성 원칙

① 지휘권 확립과 객관적인 평가를 위해 1 · 2차 평정자에 의한 복수평가

* 해당부대 편제기준 직위별 평정계통에 의거 작성

② 전 · 후반기로 구분하여 연 2회 정기적으로 실시

③ 종합평가는 전 · 후반기 모두 1차(절대평가), 2차(상대평가)

- 상대평가 시 상층 등급은 대상인원의 30% 이내 부여
- 훈련부사관 교육과정을 수료한 중대장은 1 · 2차 절대평가

4.1.2. 근무평정 작성대상 및 시기

① 전반기 기준일(2. 1), 작성일(4. 1), 후반기 기준일(8. 1), 작성일(10. 1)

② 기준일 현재 평정권자와 함께 근무한 기간이 반드시 60일 이상일 때 평정작성 가능

③ 전문하사 및 당해 연도에 임관한 초임하사는 평정을 작성하지 않음

4.1.3. 평정집단 구성

① 평정집단은 계급별, 기능병과별, 직위별로 구성하여 평가

② 전투병과 : 보병, 포병, 기갑, 방공, 정보, 공병, 정보통신, 항공

③ 기술병과 : 화학, 병기, 병참, 수송

④ 행정병과 : 부관, 헌병, 경리, 정훈

⑤ 특수병과 : 의무, 법무, 군종

⑥ 직위별

㉮ 주임원사 : 대(대)급 이상 제대 주임원사 직위

㉯ 지휘관(자) : 중대장, 소대장, 분대장, 포병부대 포반장 직위

㉰ 훈련부사관 : 훈련부사관 교육과정 수료 후 해당직위 보직자

㉱ 선발직위 교관 : 교육기관 교관 직위

- 참모직위 : 기타 직위

* 여군은 남군과 동일하게 평정집단 구성

4.1.4. 근무평정 업무실적 작성방법

① '12. 1. 20. - 29사단에서 실시한 중대 전술훈련 평가 시 실전적인 전투지휘훈련으로 우수중대 선정에 기여하여 사단장 표창수상(00사단 상훈명령 제0호, '12. 3. 15)

② '12. 3. 10 - 12부대 집중정신교육기간 동안 창의적인 교육방법으로 분대원들의 확고한 대적관 확립과 장병 정신전력 함양에 기여함.

③ 분대원의 생각, 의식구조, 생활방식을 이해하고 지속적인 면담 및 가정과 연계한 유기적인 신상관리 등 사고 없는 중대육성에 기여하여 연대장표창 수상(00연대 상훈명령 제0호, '12. 9. 25)

4.2. 진급선발 대상

부사관으로 임관하여 계급별 최저 복무기간을 마친 인원 중에서 상위직책을 감당할 능력이 있는 자를 선발하여 1계급 상위계급 부여

4.2.1. 선발중점

[1] 조국과 군을 위해 헌신, 봉사하는「참군인」

① 군인의 본분과 도리를 다하는 자

② 솔선수범으로 상·하, 동료로부터 신뢰와 존경을 받은 자

③ 국내·외에서 국위를 선양하고, 군의 명예를 고양한 자

④ 격오지 등 근무환경이 열악한 지역에서 성실히 근무하는 자

⑤ 주인의식을 견지하고, 창의적으로 업무를 수행하는 자

[2] 부사관의 역할 및 책임완수를 통해 부대발전에 기여하는 자

① 병 기본 및 주특기 훈련 전문가

② 직무지식과 업무수행 능력이 우수한 자

③ 부대관리 및 각종 사고예방에 기여하는 자

[3] 군의 화합과 단결, 일 중심으로 부대전통을 발전시키는 자

4.2.2. 선발대상

[1] 정상진급

진급 최저복무기간이 경과한 자

① 하사 ⇒ 중사 : 하사로서 2년

② 중사 ⇒ 상사 : 중사로서 5년

③ 상사 ⇒ 원사 : 상사로서 7년

[2] 근속진급

계급별 근속연한이 경과한 자

① 하사 ⇒ 중사 : 하사로서 6년

② 중사 ⇒ 상사 : 중사로서 12년

4.2.3. 진급선발 절차

[1] 하사 ⇒ 중사

사(여)단급 이상, 편제상 장군직위

* 여군 : 군사령부 급(1 · 3군사, 2작사, 수방사, 특전사, 군수사, 교육사, 항작사, 국통사, 기무사, 정보사, 777부대)

[2] 중사 ⇒ 상사

사(여)단급(보병), 훈련부사관, 행정, 특수병과(육본), 기타(군사령부 급), 여군(육본)

[3] 상사 ⇒ 원사

육본, 여군(육본)

* 인사검증위원회에서는 평정, 처벌기록 등에 대해 당사자로부터 해명서를 접수받아 사실관계를 검증하여 진급심사위원회에 제공

4.2.4. 진급평가 요소

[1] 표준평가

① 계량적 평가 : 평정, 경력, 교육, 상훈, 근속기간, 진급연차, 지휘추천을 배점기준에 의해 점수로 평가

② 질적평가 : 계량적 평가점수와 별도로 평정, 경력, 교육, 상훈, 지휘추천에 대해 '긍정적 사항'과 '부정적 사항'을 종합적으로 분석한 후 A, B, C 등급으로 평가

[2] 잠재역량 평가

자기개발, 공과사실, 자질 및 덕목, 신체 및 체력 등을 '긍정사항'과 '부정적 사항'으로 분석한 후 3개 등급(A, B, C)으로 평가

4.2.5. 경력평가

[1] 긍정적 평가요소

① 야전 및 정책부서 주요직위에서 근무한 자

② 해당계급 전 기간 중 해당병과 및 직군 경력 "상"층인 자

③ GP · GOP, 해(강)안, 방공진지, 통신중계소, R/D기지 등 열악한 지역 장기 근속자

④ 교관, 훈련지도부사관 및 중대장, 훈련부사관 근무를 경험한 자

[2] 부정적 평가요소

① 경력 및 근무여건 고려 요령위주로 경력을 관리한 자

② 해당직군 경력 "하"층자 및 격오지 근무경력이 없는 자

③ 기회주의적 주특기 변경 및 위규 보직자

④ 해당계급 보직해임 사실이 있는 자

4.2.6. 잠재역량 평가

[1] 잠재역량

미래지향적 능력으로 외부로 드러나지 않으나 내재하고 있는 무형적 능력과 가능성을 말하며 장차 상위계급으로 진출 시 발휘할 수 있는 잠재된 능력

[2] 자기계발

① 병과 및 특기 관련 국가공인 자격증 취득

② 전투발전 및 교리개선, 각종 관리개선 제기

[3] 공과사실

① 제도, 규정, 방침 개선으로 사고예방 및 예산절감을 위해 창의적으로 근무

② 전투유공, 전투력 향상, 군기강 확립, 부대관리 향상 등에 기여

[4] 자질 및 덕목

① 육군 가치관 및 "위국헌신"의 정신실천

② 충성심, 도덕성을 겸비하여 군 발전에 공헌

③ 자기희생적 솔선수범으로 상·하 동료로부터 신뢰와 존경을 받는 자

[5] 신체검사, 체력검정

① 어떠한 임무가 부여되더라도 수행할 수 있는 체력유지

② 체력 검정 시 특급을 받을 수 있도록 평소 체력단련

5. 복지혜택

5.1. 주거시설 지원

군 간부는 임관 후 별도의 군 숙소(독신 · 기혼)에서 생활하므로 부대배치 후 군 숙소 지원

5.1.1. 군 숙소 입주대상

① 중사이상의 간부로서 근무지에 자가를 보유하지 않고 부양가족이 있는 세대주

② 기혼 초급간부(하사), 근무지내 유주택자라 할지라도 작전상 필수요원 등은 해부대 군 숙소 관리위원회 의결 후 부대장 승인을 득하여 입주가능

* 미혼자 : 부대별 독신자 숙소에 입주

5.1.2. 이사화물비 지급

① 부양가족을 동반한 가족 이사 자와 임관일 기준 6년 이상 복무한 단독 이사 자

② 본인부담으로 먼저 이사한 후 소속부대에 신청하여 지급

③ 복무기간과 이사거리 및 부양가족 동반여부에 따라 차등지급

5.1.3. 주택수당 지급대상

하사 - 대령(복무 3년 미만 하사 제외)

5.2. 군 간부 제수당

5.2.1. 공통 수당

① 정근수당 : 1년 단위로 봉급 액의 5%씩 증가되며, 1월 및 7월에 지급

② 정근수당가산금 : 30,000원(근속년수 5년 미만), 하사는 15,000원

③ 시간외 근무수당 : 인정범위 내(24-67시간) 초과내역 확인 후 지급

* 시간당 기준 액 : 계급별 기준 호봉 액×70%×1.5/226

④ 가계지원비, 교통보조비 봉급에 합산

⑤ 직급보조비 : 하사(115,000원)

⑥ 명절휴가비 : 연 2회(설날, 추석을 포함한 월), 봉급 액의 60% 지급

⑦ 연가보상비 : 전·후반기 구분 지급, 봉급 액×1/30×연가보상일수

5.2.2. 추가 수당

① 가족수당 : 배우자(40,000원), 기타 부양가족(20,000원)

* 주민등록상에 같이 포함되고, 실제로 생계를 같이 하는 자

② 주택수당 : 월 80,000원

③ 육아 휴직수당 : 월 500,000원

- 만 6세 이하의 자녀를 양육하기 위하여 30일 이상 휴직한 자
- 임신 또는 출산하게 된 때로부터 30일 이상 휴직한 여자군인

5.3. 군인연금

5.3.1. 군인연금의 종류

① 정상 전역 시 : 퇴직금, 퇴직금 공제 일시금, 퇴직금 연금 일시금, 퇴직 일시금

② 상이 전역 시 : 상이연금, 장애보상금

③ 일반사망 / 순직 시 : 유족연금, 유족연금 부가금, 사망조의금, 사망보상금, 유족연금 일시금, 유족 일시금

5.3.2. 19년 6개월 미만 근무자 연금

퇴직일시금, 상이연금, 장애보상금, 사망조의금, 사망보상금, 유족연금 지급

5.3.3. 유족급여 수령 우선순위

배우자, 자녀, 부모 순으로 수령

제8장

부록

1. 참모부 담당관 주기별 주요업무
2. 부대 정밀진단 점검표
3. 당직근무 간 각종 사고 조치요령
4. 자살징후 목록표
5. GP, GOP, 해 · 강안 부대 일과표
6. 중대급 장교 부사관 역할과 책임구분(육규 112)

1. 참모부 담당관 주기별 주요업무

1.1. 인사담당관

구분	주요업무
일일	◦ 금일 실시 사항 확인 ◦ 병력 변동 확인(일보확인) ◦ 군기 위반자 단속 ◦ 기타 부여된 업무 수행 ◦ 상황보고 내용 확인, 전파 ◦ 주요업무 추진, 교육훈련 준비상태 점검 ◦ 일일결산(지휘관 지시사항, 내일예정사항) ◦ 내일 전역자, 휴가자 확인
주간	◦ 상급부대 주요 예정사항 확인, 전파 ◦ 우편물 분리, 수취상태 점검 ◦ 실습계획표 교육훈련 여건에 부합되게 작성 ◦ 전투편성표 최신화 ◦ 전입신병 인솔 ◦ 사고예방활동 ◦ 부사관 내무검사 ◦ 인사명령 작성, 보고
월간	◦ 월간 주요 예정사항 확인 ◦ 병 신청, 병력결산 확인 ◦ 병 진급, 전역, 보직업무 명령 발령 ◦ 각종 자금 신청, 결산확인 ◦ 국기게양식 준비 ◦ 일일명령 발령 ◦ 각종 서약서 유지 ◦ 태권도 승급심사 준비
분기/반기	◦ 무료 군사우편물 발송현황 종합, 보고(지휘서신, 무료군사우편) ◦ 병 군사특기 재분류 상신 ◦ 동원자원의 날 행사 참가 ◦ 분기양식지 수령 ◦ 일반 사업비 사용계획(반기) 결과 확인 ◦ 태권도 승단심사 ◦ 간부휴가, 외박계획 수립 ◦ 장교 예상손실 판단보고 ◦ 전반기 성과분석
연간	◦ 부대창설 기념행사 준비 ◦ 정기체력단련 ◦ 피보험자 건강진단, 암검사: 격년제 ◦ 연가보상비 신청 ◦ 동계 화재사고 예방점검 ◦ 정기 문서이관, 인사명령지 결산 ◦ 정기, 추가평정 ◦ 장교, 부사관 지휘추천 ◦ 소득세 연말정산 신청 ◦ 해빙기 안전사고 예방활동
기타	◦ 군무 이탈자 발생 시 사고자 수배의뢰, 상황보고 ◦ 표창수여(표창, 상장) ◦ 전역 간부 퇴직금 신청 ◦ 이 · 취임식 등 각종 행사주관 ◦ 각종 신고 준비 ◦ 진지공사간 안전예방활동 ◦ 간부사관, 단기복무부사관 획득 ◦ 병력동원 대체지정자명부 수정 ◦ 전시 완편명부 최신화

1.2. 정보담당관

구분	주요업무
일일	◦ 일일 기상파악, 보고 ◦ 영문, 통제구역 출입증 발급, 회수 ◦ 외래인 부대 출입통제, 보안조치 ◦ 전산보안, 신원조사, 비밀복사통제 ◦ 체신전화(공중전화) 영내 설치 확인 ◦ 예하대 실시, 예정사항 파악 ◦ 비밀 접수, 파기, 보안일일결산 ◦ 위병소 출입통제, 일일결산일지 작성 ◦ 일일보안 이행실태 확인 ◦ 비밀 합동보관소 운용 ◦ 개인소유 PC부대 반입, 반출승인 및 보안성 검토
주간	◦ 주간기상 접수, 전파 ◦ 지휘보고, 울타리 점검 ◦ 주간 보안결산, 예정사항, 회의록 작성 ◦ 반입도서, 기타자료 보안성검토 ◦ 정보분석 장비 셋트 점검 ◦ 비문소각장 정리, 점검
월간	◦ 불온자료수거, 비밀파기, 정보 월력표 전파 ◦ 자원매각에 따른 보안성 검토 ◦ 전투지원태세의 날 행사 ◦ 보안지도 방문, 불시보안점검 ◦ 월별 간부보안의식 개혁 실천사항 하달 ◦ 개인보안 수준표 유지
분기	◦ 보안업무 성과 분석 ◦ 지형정보 소모 삭제 ◦ 영외 통제초소 점검 ◦ 불온 유인물 군내반입 차단 활동 ◦ 울타리 점검, 군사자료 수거 ◦ 비밀안전지출, 파기훈련 실시
반기	◦ 비밀 소유 조사 및 재분류 ◦ 암호자재 경연대회 ◦ 부대 위장망 소요 제기
연간	◦ 비밀관리 기록부 갱신, 이기 감독 ◦ 보안감사 수검 ◦ 군인가족 보안교육 ◦ 보안경연대회 ◦ 연간 보안활동계획 수립 ◦ 문서이기 ◦ 보안내규 수정 ◦ 훈련 간 확인, 점검사항(준비태세, 기타 훈련 시)

1.3. 작전담당관

구분	주요업무
일일	◦ 금일 실시, 예정사항 확인 ◦ 상황보고 내용 확인, 전파 ◦ 사무실 정리, 청소상태 확인 ◦ 훈련장 상태 확인 ◦ 교육보조재로 불출, 수령 ◦ 교육훈련 준비상태 점검 ◦ 병 기본 과목 교관 임무 수행 ◦ 유, 무선 통신 소통상태 점검 ◦ 보안일일 결산 ◦ 일일결산 일지 작성
주간	◦ 상급부대 주요 예정사항 확인, 전파 ◦ 주간교탄 사용계획 작성 ◦ 부대별 주간 교육훈련 예정표 종합, 보고 ◦ 주간회의록 작성 ◦ 지휘소 장비기능 유지, 배치품목 확인 ◦ 5'대기조 인원 편성여부 확인 ◦ 행정 소모품 확인, 부족분 조치 ◦ 주 지휘소내 장비, 물자관리
월간	◦ 월간예정사항 작성 ◦ 전투지원태세 확인의 날 행사 ◦ 부대별 충 · 효 · 예 교육성과 분석 ◦ 교보재 청구, 불출 ◦ 훈련장 보수상태 점검 ◦ 작전과 작전보안, 안전대책 강구
분기/반기	◦ 분기예정사항 작성 ◦ 훈련장 사용실태 분석, 조치 ◦ 교육훈련 예산 배정, 보고 ◦ 교탄 사용 계획, 결과보고 ◦ 반기 성과분석 ◦ 교보재 소요판단, 청구 ◦ 지휘소 장비 가동상태 확인 ◦ 부대별 교관 운영상태 확인
연간	◦ 연간 훈련장 사용계획, 보수 소요계획 수립 ◦ 교보재 사용결과 보고 ◦ 교탄 사용결과 보고 ◦ 훈련장 확인, 점검사항 ◦ 문서 이기 ◦ 연간 업무활용계획 수립 ◦ 작전처 예산 사용계획 수립, 보고 ◦ 부대별 주요훈련 지원사항 파악, 조치

1.4. 군수담당관

구분	주요업무
일일	◦ 군수실무자 업무 연락 ◦ 국방물자 시스템 일일 청구조치 현황파악 ◦ 물자 부족분에 수시 청구, 불출 ◦ 2종 창고 현황판 유지, 창고보수 ◦ 일반물자 정비소요 발생시 점검
주간	◦ 지휘보고 자료준비 ◦ 일품검사 계획 및 결과보고서 종합, 청구, 보급 ◦ 연대와 중대간 재산정리 ◦ 폐품 보유현황 파악, 반납 건의 ◦ 창고 청결의 날 행사추진 ◦ 예하부대 물자 관리상태 점검 ◦ 중대급 전산재산 대장점검
월간	◦ 국방물자시스템 오류현황 점검 ◦ 위생구 수령, 불출 ◦ 천막 구성품별 실태 점검, 이력카드 정리 ◦ 취사장별 점검을 통한 취사기구 부족상태 파악
분기	◦ 분기 일품검사 계획수립, 하달 ◦ 분기 피복수령, 불출 ◦ 치장물자 현황, 순환주기 확인 ◦ 창고개방의 날 행사 추진
반기	◦ 전투장비 지휘검열 준비
연간	◦ 비밀관리 기록부 갱신, 이기 감독 ◦ 보안감사 수검

2. 부대 정밀진단 점검표

2.1. 인사분야

구분	진단과제	진단결과
신상파악 및 보호관심 병사관리	전입신병 신고, 면담, 등 신상파악은 면밀하게 실시하는가	
	가정, 학교 등과 연계된 입체적인 신상파악을 하는가	
	보호 관심병사를 제대로 파악(분류)하였고 최신화 되었는가	
	보호 관심병사 범주에 구타 우려자 및 전력자, 성추행 우려자 및 전력자, 상습적인 언어폭력자가 포함되어 관리되는가	
	보호 관심병사 휴가, 외출 및 외박 시 조치는 적절한가	
	간부 신상파악은(사생활 문란, 과다부채, 음주고백자 등)	
	보호 관심장병 지도 및 관리방법은 적절한가	
	보호 관심병사(A급)를 군종장교(상담관)와 1:1 관리체계를 유지하는가	
자살사고 예방	자살징후 목록표는 잘 활용하는가	
	자살우려자의 애로 및 건의사항은 충분히 수렴 조치했는가	
	인성검사 결과를 활용하고 정신질환자, 성격이상자 등을 구분 관리하는가	
	자살 우려자에 대한 다중 관리체계를 강구 하는가(자매결연, 군종장교(병), 군의관, 정훈장교, 주임원사, 상담관 등)	
	자살사고 예방교육은 적절히 실시하는가	
	자살사이트 접속 또는 마약복용 경험자는 없는가	
	적절한 병영 스트레스 해소대책은 강구 하는가(운동, 오락, 자유시간 보장, 외출 및 외박, 휴가, 환경정리 등)	
	자살 우려자에 대한 적절한 지휘조치를 강구 하는가(인성검사, 보직변경, 부적합처리, 부모면담, 사회봉사활동 등)	
	자살유발 외부 환경요인은 차단하였는가(자살 장소로 고려되는 곳 통제, 농약, 신나 등 관리 철저)	
구타/가혹행위, 언어폭력 근절	구타, 가혹행위, 언어폭력 근절 교육은 주기적, 반복적으로 실시하는가	
	구타, 가혹행위, 언어폭력 색출활동을 주기적으로 실시하는가(설문, 마음의 편지, 건의함, 상담관 보고, 우체통, E-mail 등)	
	언어폭력 근절을 위한 금지 및 준수사항을 지키는가	
	상호의사소통 활성화를 위한 제도가 정착 되었는가	
	내무생활 임무분담제가 규정대로 시행되었는가	
	병영생활 개선 간담회가 실질적으로 시행되는가	
	지휘자(관), 부사관, 당직근무자의 취약지역 순찰은 제대로 하는가	
	구타 및 가혹행위자, 언어 폭력자를 엄정하게 신상필벌 하는가	

구분	진단과제	진단결과
성군기 위반사고 예방	성군기 위반사고 예방교육은 내실 있게 시행 하는가	
	내무실은 건제대로 편성되었으며, 취침도 그대로 하는가	
	침대, 침낭, 모포, 포단 등은 개인별로 사용 하는가	
	여군 및 여군무원 숙소에 대한 적절한 통제대책은 강구 되었는가	
	이성의 숙소에 단독으로 출입하는 자는 없는가	
	성군기 위반사고 예방을 위한 준수사항이 제대로 이행되는가	
	영내 음란물, 음란 인터넷사이트 접속 등은 차단되었는가	
	주기적으로 성군기 위반행위 색출활동을 전개하는가(설문, 마음의 편지, 건의함, 상담관 보고, 우체통, E-mail 등)	
	성군기 위반자를 엄정하게 신상필벌 하는가	
	성군기 위반사고 발생 시 피해자 보호조치를 철저히 강구하는가	
병원관리 및 내무생활지도	간부 음주운전 사례는 없는가	
	소·중대 내에 집단소외를 당하는 병사는 없는가	
	충성클럽(회관) 관리병, 취사병, 오폐수 관리병, 운전병, 당번병 등 지휘, 사각지대 근무인원 관리 및 면담은 정상적으로 실시하고 있는가	
	내무실에 도난사고는 없는가	
	내무실 정리정돈 및 청결상태, 불필요한 물품을 보관하고 있지 않는가	
	악습 및 내무부조리는 없는가	
	수양록은 실질적으로 기록하고 주기적으로 점검하고 있는가	
	개인위생상태는 양호하며, 각종 시설 및 도구는 잘 갖추어져 있는가(두발, 면도, 세탁, 세면 등)	
	외출 및 외박, 휴가는 공정하게 편성되어 있는가	
	초급간부의 당직근무 후 적절한 휴식은 보장되는가	
	간부들의 출·퇴근은 정상적으로 무단결근자는 없는가	
	습관적인 결식 병사는 없는가	
	내무실내 금전거출 행위는 없는가	
	휴가복귀 시 반입금지 물품 반입사례는 없는가	
	병사 및 간부의 근무편성은 공정한가	
	부대일지는 규정대로 기재되고 결재 하는가	
	점호행사는 건제유지 하에 규정대로 실시하는가(점호순서, 열외자, 현황, 분대장에 의한 보고 및 확인 등)	
사고예방 관련 제도시행	병영생활 행동강령을 주기적이고 반복적으로 교육 하는가	
	장병인성교육은 방침대로 실시하는가(정신교육계획 반영, 분대장 인성교육, 이등병의 날 행사 등)	
	자살사고 예방 심리치료 프로그램(Vision Camp)을 잘 적용 하는가	
	부대 정밀진단은 계획된 주기대로 내실 있게 시행 하는가	
	부대 정밀진단 과제목록을 부대 실정에 맞게 수립하여 시행 하는가	

구분	진단과제	진단결과
	부대 정밀진단을 연동 식 부대 운영 계획 및 주간훈련예정표에 반영하는가	
	부대 정밀진단을 체계적으로 계획을 수립 시행하는가(대대급 이상)	
	부대 정밀진단 결과에 대한 교육 및 시정조치가 제대로 이루어지는가	
	제대별 군기강 확립 및 사고예방 평가회의를 방침대로 실시하는가	
	분대 건제유지 활동이 정착 되었는가	
	분대 건제유지 정착을 위한 교육 및 위반자에 대한 조치가 잘 이루어지는가	
	병 상호간 금지사항은 잘 준수 되는가(병 상호간 지시, 명령, 간섭금지)	
	분대장 관찰보고 제도는 방침대로 시행 되는가	
	통합취사병, 운전병, 행정병, 파견병, 지원 및 배속병력 등을 잠정분대로 편성하여 운영 하는가	
	상향식 일일결산이 제대로 이루어지는가	
	사고예방활동 사항을 상향식 결산 및 지휘보고에 포함하는가	
	병영생활 고충상담관 운영이 활성화 되었는가	
	계층별 의사소통 간담회를 방침대로 시행 하는가	
사고예방 관련 제도시행	사고우려 병사에 대한 적시적인 현역복무 부적합 처리를 하는가	
	문제간부에 대한 적절한 지휘조치가 이루어지는가	
	음주 및 회식문화 개선 지침이 잘 이행되는가	
	사망사고 대응조치 모델에 대해 교육하였고 간부들이 초동조치내용을 숙지하고 있는가	
	대민물의 사고발생시 초동조치를 위한 기능별, 사전 협조회의, 임무숙지, 예행연습(FTX 등)을 주기적으로 실시하는가	
	제대별 사고 대책회의 구성 및 임무수행 절차가 숙달되어 있는가	
	육군안전센터 입력 자료를 적극 활용하여 부대 운영에 반영하는가	
	군기강 확립 집중강화기간에 각종 사고 예방활동을 내실 있게 시행하는가	
	각종 사고사례 및 교훈 등이 간부에 의해 적시적으로 전파 및 교육되는가	

2.2. 정보 분야

구분	진 단 과 제	진단결과
군사자료 보호	주요군사자료(비밀, 개인 신상자료)는 잠금 장치된 장소(용기)에 보관되어 있는가	
	음성비문 생산 및 보유, 평상시 사용하고 있지는 않는가	
	반입된 도서, 음반 등은 보안성 검토가 되어 있는가	
	출입통제구역의 출입인원 통제는 잘되고 있는가	
핵심요원 인원관리	보안관계관 임명은 적시·적절하게 되어 있는가	
	위병소는 잘 관리되고 초병의 임무수행 요령은 숙달되어 있는가	
	신원조사는 적시적으로 처리하였으며, 결과는 적절한가	
	비밀취급인가 대상 직위자 보직 전·후 조치들은 적절한가	
부대시설침입 및 노출차단	비인가 촬영도구(사진기, 캠코더 등)을 보유하고 있지는 않은가	
	울타리 높이는 2m를 유지하고 있으며, 월담, 출입가능 장소가 있지는 않은가	
	사무실 잠금장치 실태 및 일과 후 열쇠 보관함은 정상적으로 운용되는가	
	등화관제 준비상태 및 사용실태는 적절한가(대상부대, 시설만)	
유·무선 통신보안 대책	유무선 통신장비에 보안 경고 스티커는 부착되어 있는가	
	전문 송·수신 간 불필요한 은어를 사용하고 있지는 않은가	
	음어 및 난수표 사용은 잘 되고 있는가	
	암구호 전파 및 숙지상태는 적절한가	
정보체계보안 관리 및 전산자료유출 차단	전산기, 보조기억 매체의 보급 또는 반입, 반출절차는 준수되고 있는가	
	각종 정보체계의 보급 또는 반입된 목적에 맞게 사용되고 있는가	
	전산기 시동 및 화면보호기, 비밀번호는 사용되고 있는가	
	보조기억 매체 관리대장은 기록, 유지되고 있으며 실제보유량과 일치하는가	
	하드디스크 내에 주요 군사자료가 수록되어 있지는 않는가	
	디스켓 내에 비인가 비밀 또는 대외비가 수록되어 있지는 않은가	
보안자세 및 장비 운용관리	일일 보안결산은 규정대로 이루어지는가	
	음어 및 통신확인표의 보유량은 정확하며, 지정된 장소에 보관하고 있는가	
	방첩함 및 쓰레기통은 매일 소각 처리하고 있는가	
	보안장비의 작동상태는 양호하며, 납봉은 이상이 없는가	
	보안장비에 의해 송·수신된 내용이 평문으로 재송·수신되고 있지는 않는가	
	보유자재, 장비의 보관함은 견고하며, 2중 잠금장치가 되어 있는가	

2.3. 작전 및 교육훈련 분야

구분	진단과제	진단결과
전투준비 태세	상황발생 시 신호규정은 정확히 숙지하고 있는가	
	전투 일일결산 현황판은 최신화 하고 있는가	
	경계근무 초소와 사경도는 잘 정비가 되어 있는가	
	근무명령서에 의해 경계근무가 실시되고 있는가	
	경계근무 초소 통신망은 소통이 잘 되어 있는가	
	보초 일반수칙 및 특별수칙에 대해 숙지 및 실천은(우발상황 조치요령 점검 : 총기피탈, 거수자 출현 등)	
	화생방 장비, 물자관리는 규정대로 하고 있는가	
	화생방 요원은 일일명령과 일치 하는가	
	자동 경보기함은 제 기능을 발휘 하는가	
	5분 전투대기 임무수행 준비는 잘 되어 있는가	
	출동대기부대 탄약 및 B/L탄약 분배 준비는 잘 되어 있는가	
	개인임무카드 준비 및 임무숙지 상태는 양호한가	
교육훈련	연동 식 부대 운영 계획에 의해 부대정밀진단이 시행되는가	
	주간 훈련 예정표는 규정대로 작성하여 시행하고 있는가	
	각종 훈련계획에 안전통제 계획이 반영되었으며, 실효성 있게 시행되는가	
	각종 훈련장에 대한 주기적인 안전진단을 실시하고 적절한 조치를 강구하였는가	
	교관준비 및 실습계획표는 제대로 시행되고 있는가	
	교보재는 정비하여 제 기능이 발휘 되는가	
	훈련 간 안전 제한사항에 대한 조치계획은 준비 되었는가	
	각종 훈련 간 효과적으로 안전통제 편성 및 운영하는가	
	각종 훈련 시 적극적인 현장지도가 이루어지는가	
	건조기 사격, 야외 훈련 간 산불 예방교육 및 대책을 강구하는가	
	야외훈련 및 부대활동간 위험예지 훈련을 생활화 하는가	
	사격장에 대한 철저한 안전대책이 강구 되었는가	
	훈련 간 활성 교보재 사용요령 교육 및 전장군기가 잘 유지되는가	
	교탄은 교육훈련에 맞게 수령하여 사용되는가	
	교육 실시간 교육 열외인원은 없는가	
	혹서기 및 혹한기 훈련지침을 준수 하는가	
	훈련 사후검토 및 그 결과를 교육훈련에 반영하고 있는가	

2.4. 군수분야

구분	진 단 과 제	진단결과
총기, 탄약, 폭발물관리	총기, 탄약 1일 단위 실셈 확인(장부와 보유수량 일치)하는가	
	무기고, 탄약고 2중 잠금장치 및 열쇠관리는 2중 이원화 관리되고 있는가	
	탄약병 신상관리 및 주기적 면담을 실시하는가	
	개인 책상, 관물대를 주기적으로 확인하는가	
	은닉탄에 대한 불시 또는 주기적 점검을 하는가	
	사격 후 탄피는 100% 반납하는가	
화재 사고예방	불이 있는 곳에 항상 사람이 위치하여 통제하는가	
	소화기는 구비되었으며, 월 단위 가동상태를 확인하는가	
	비인가 전열기구를 사용하지 않는가	
	유류고에 플래시 및 인화물질 보관소는 비치되어 있는가	
	취사장 화부 점화 시 간부에 의한 통제가 되는가	
	인화물질은 별도 관리, 보관하고 있는가	
	전기시설에 대한 안전점검, 누전차단기는 작동되는가	
	소방대 편성 최신현황 유지 및 임무숙지 상태는	
차량 사고예방	위험예지훈련은 하는가(이동계획 수립, 안전대책)	
	배차단계는 준수하고 있는가	
	선탑자, 운전병에 대한 안전교육은 실시 되는가	
	자가차량에 대한 통제대책은 준수되고 있는가	
급양관리	부식의 변질상태 및 정량을 수령 하는가	
	취사장 환경정리, 취사병 위생상태는 양호한가	
	조리 간 부식 및 조미료는 정량 투입하고 있는가	
	해충박멸과 구서 대책은 강구 되었는가	
	식기 세척장은 잘 준비되어 있는가(세제, 수세미 등)	
보급관리	시장성 품목에 대한 통제, 불시 재물조사를 하는가(지휘관 결재)	
	개인 보급품 및 소모품은 규정대로 보급 되는가	
	일품 검사는 규정대로 하고 있는가	
환경보전	오·폐수 처리장은 정상 가동 되는가	
	누유되는 장비는 없는가	
	잔반장 관리 및 잔반 처리는 잘 되고 있는가	
	화장실 인분처리 및 처리절차가 정상적으로 이루어지고 있는가	
	폐건전지는 규정대로 회수, 보관, 반납되고 있는가	
	쓰레기 분리수거 및 처리절차가 정상적으로 이루어지고 있는가	

3. 당직근무 간 각종 사고 조치요령

3.1. 군무이탈자 발생 시

① 찾지 말고 당직사령에게 즉각 보고(6하 원칙)
무장 및 비무장 여부, 인상착의 포함
② 당직사령 및 중대장에게 보고 후 봉쇄선 병력배치
③ 중대 총기 및 탄약 이상유무 확인(실셈 파악)
④ 전 간부에게 상황전파(비상연락망 이용)
⑤ 중대장 도착 전까지 대대 당직사령 추가지시 이행
※ 최초보고 지연으로 조기 검거 실패 과다

3.2. 사망자 발생 시

① 신속한 보고(당직사령, 지휘관)
② 헌병수사관 도착 전까지 사건현장 보존
사망자 시신을 옮기거나 수습하는 행위금지
사고현장 경시, 병력출입 통제(경계병 배치)
③ 목격자 확보, 병력동요 통제
④ 사건현장에 대한 동영상 및 사진촬영, 개인사물함 보존
⑤ 중대장 추가 지시사항 이행
⑥ 비상연락망 이용 간부에게 상황전파
⑦ 지휘보고 및 상황보고 체계 확립

3.3. 화재 발생 시

① 최우선적으로 화재지역 인원대피 및 화재경보 전파
※ 인원, 총기 및 탄약, 비문 순으로 대피 및 지출
② 중대 가용한 소화기 집중운용 진화 실시(소방대 편성표 운용)
③ 당직사령 및 중대장 즉각 보고
※ 인접 소방서에도 동시 연락(소방차 지원요청)
④ 진화 후 인원 및 장비 수습
⑤ 피해상황 파악 후 지휘보고

⑥ 화재 발생 시 지출 우선순위
  ㉮ 총기 및 탄약, 가연성 폭발물(휘발유, LPG)
  ㉯ 비문
  ㉰ 통신장비
  ㉱ 전투장비 및 물자

3.4. 환자 발생 시

① 이상 징후 발견자(불침번)는 신속하게 당직사관에게 보고
② 환자상태 확인, 신속하게 군의관(의무병) 진료조치
③ 당직사령에게 신속히 보고
④ 환자 복귀 시 불침번에 의한 지속적인 관찰 및 상태보고
※ 상황이 긴급할 경우 멀리 위치한 군 의무부대로 후송하는 것보다 가까운 민간병원에서 우선 조치하는 것이 중요하다.

3.5. 음주 소란자 발생 시

① 당직사령에게 보고
② 음주 소란자는 내무실에서 격리(당직실, 교관 연구실 등)
③ 조용히 타일러 재운 후 술이 깨고 나면 합당한 조치
④ 계속 소란 시 강제로 제압 후 취침(감시요원 배치)
⑤ 주류 반입경로 등을 파악, 원인제거에 주력
⑥ 내무실내 위해도구(야전삽, 청소도구 등) 제거
※ 음주 및 흡연, 술과 담배는 허가된 시간과 장소에서 마시거나 피워야 한다.

3.6. 긴급 지휘보고 내용

① 총기(폭발물) 관련 인질난동, 살인, 강·절취 및 피탈
② 대민집단 난동 및 충돌로 사상자 발생
③ 군 내부문제를 대외에 여론화할 목적으로 영외에서 자살
④ 군무이탈 및 무단이탈하여 정치 및 군사에 관한 개인의견을 발표하여 물의 야기
⑤ 상관에 대한 육체적 상해 초래 및 집단항명
⑥ 타군 부대 간 집단충돌 사고로 사상자 발생
⑦ 차량, 화재, 폭발 및 기타 안전사고

4. 자살징후 목록표

행동변화	징 후	확인결과
자살의사 표현행동	1. 주위 동료들에게 농담반 진담반으로 죽고 싶다고 표현	
	2. 수첩, 노트 등에 삶을 비관하는 내용기록	
	3. 부모, 동료, 애인, 상관, 형제들에게 유서작성	
회피현상	4. 말이 없어지고 대화 회피	
	5. 매사에 의욕이 없어지고 업무회피 및 염증 표출	
	6. 고립되고 위축된 행동	
의지력 약화	7. 매사에 흥미를 상실하고 자신감 결여	
	8. 행동이나 표정이 밝지 않고 항상 우울한 행동	
	9. 죄책감 표현	
식욕부진 및 불면	10. 식사를 잘 안하거나 의욕 없이 식사	
	11. 한밤중에 앉아 있거나 초조하여 잠을 못 잠	
	12. 숙면이 불면으로, 불면이 숙면으로 변함	
주변정리	13. 사물함 정리, 빌린 돈 갚는 행동	
	14. 가까운 전우와 차분한 대화를 하고 소중히 간직한 물건을 줌	
	15. 몸치장을 하고 내복을 갈아입는 등 행동변화	
세상비관 언행	16. 평시 "죽어버리면 그만"이라는 언행 등 현실도피나 죽음에 대한 합리화성 발언	
	17. 세상을 저주하고 삶의 애착감에 대한 거부감 표현	
불안전한 행동	18. 이성을 상실한 비정상적인 언행(폭언, 과격행동)	
	19. 쫓기듯 초조해 하고 안절부절 못한 행동	
	20. 음주나 약물을 복용	

5. GP, GOP, 해 · 강안 부대 일과표

5.1. GP부대

구 분(월)	춘 · 추계(3, 4, 9, 10)	하 계(5~8)	동 계(11~2)
전원 투입	BMNT-20'+10		
정비 및 조식	~07:00	~06:00	~08:00
취침	07:00~12:00	06:00~13:00	08:00~12:00

구 분(월)	춘 · 추계(3, 4, 9, 10)	하 계(5~8)	동 계(11~2)
중식	12:00~13:00	13:00~14:00	12:00~13:00
교육, 작전, 정비	13:00~17:00	14:00~18:00	13:00~17:00
투입준비 및 석식	17:00~EENT전	18:00~EENT전	17:00~EENT전
전원동시근무투입	EENT-10'+20		
점호	20:30~20:50	21:30~21:50	19:30~19:50
취침	20:50	22:00	20:00

5.2. GOP 부대

구 분 (월)	춘 · 추계(3, 4, 9, 10)	하 계(5~8)	동 계(11~2)
아침 전원감시	BMNT-30'+10~BMNT+30'(1H)		
철 수	BMNT+30'~BMNT+60(30')		
군자검사, 조식, 정비	BMNT+60'~BMNT+90(30')		
점호, 취침	BMNT+90'~13:00(점호는 생활관에서 인원점검 위주)		
점호, 중식	13:00~14:00(1H)		
오후 일과	14:00~17:00(3H)	14:00~16:00(2H)	14:00~16:00(2H)
석식, 자유시간 (근무자신고, 군장검사)	17:00~EENT-70'	16:00~EENT-70'	16:00~EENT-70'
저녁 전원 감시	EENT-30'~EENT+30(1H)		
철수	EENT+30'~EENT+1H(30')		
군장검사, 정비	EENT+1H~EENT+1H30'(30')		
취침	EENT+1H30~		

5.3. 해안부대

구분	하계	동계
일조점호, 체력단련, 조식	06:00~08:00	06:30~08:30
근무자 취침, 정비	08:00~12:00	08:30~12:30
중식	12:00~13:00	12:30~13:30
지휘관 시간	13:00~14:00	13:30~14:30
교육훈련, 해안 수색작전	14:00~16:00	14:30~16:30
지휘관 시간, 체력단련	16:00~17:00	16:30~17:30
석식 및 정비, 군장검사	17:00~EENT-30	17:30~EENT-30
경계작전(매복조투입)	(EENT-30~EENT+30)~(BMNT-30~BMNT+30)	
일석점호	21:30~22:00	21:30~22:00

5.4. 강안 부대

구분(월)	춘 · 추계(3, 4, 9, 10)	하계(5~8)	동계(11~2)
아침 전원감시	BMNT-30'~ BMNT+30'(1H)		
철수	BMNT+30'~BMNT+60(30')		
군자검사, 조식, 정비	BMNT+60'~BMNT+90(30')		
점호, 취침	08:00~13:00(점호는 생활관에서 인원점검 위주)		
점호, 중식	13:00~14:00(1H)		
오후 일과	14:00~17:00(3H)	14:00~16:00(2H)	14:00~16:00(2H)
석식, 자유시간 (근무자신고/군장검사)	17:00~EENT-70'	16:00~EENT-70'	16:00~EENT-70'
저녁 전원 감시	EENT-30'~EENT+30(1H)		
철수	EENT+30'~EENT+1H(30')		
군장검사, 정비	EENT+1H~EENT+1H30'(30')		
취침	EENT+1H30~		

6. 중대급 장교부사관 역할과 책임구분(육규112)

6.1. 목적

중대급 장교 · 부사관의 업무 및 역할 재정립을 통해 중 · 소대장의 임무수행간 지휘관 확립을 보장하고 행정보급관의 과중한 업무를 경감하여 부대관리에 전념 가능한 여건을 보장하며 장교 및 부사관이 상호 협조 및 보완적인 역할수행이 가능토록 하는데 있다.

6.2. 업무수행 책임구분 용어 재정립

중(부)대장 (소대장)	행정보급관 (부소대장)	임무
전담	·	○ 중(부)대장, 소대장이 계획부터 시행까지 전적으로 맡아 실시 ○ 책임 : 중(부)대장/소대장
·	전담	○ 행정보급관(부소대장)이 계획부터 시행까지 전적으로 실시하되, 시행 전 · 후 지휘관이게 내용보고 ○ 책임 : 행정보급관, 부소대장
확인	전담	○ 행정보급관(부소대장)이 결정권을 갖고 업무를 수행하되, 반드시 시행 전 중(부)대장 및 소대장에게 보고 ○ 책임 : 공동책임 - 주책임 : 행정보급관(부소대장) - 부책임 : 중(부)대장, 소대장은 부책임

중(부)대장 (소대장)	행정보급관 (부소대장)	임무
승인	담당	○ 필히 시행 전에 중(부)대장, 소대장에게 건의하여 승인 후 행정보급관(부소대장)이 업무를 수행하며, 수시 업무 진행사항을 지휘관에게 보고 ○ 책임: 공동책임 - 주책임: 중(부)대장, 소대장 - 부책임: 행정보급관(부소대장)

※ 중대급 모든 수행업무는 해당 지휘관에게 보고(최초, 중간, 결과)

6.3. 분야별 업무 및 역할(육규 112)

부중대장 보직중대 기준

계	인사업무	교훈업무	작전업무	동원업무	정보업무	군수업무
79건	40건	13건	5건	5건	3건	13건

6.3.1. 인사업무

주요 업무	세부업무		중대			소대	
			중대장	부중대장	행보관	소대장	부소대장
부대병력 유지	일일 병력현황 확인, 기록유지			확인	전담		
	병력 예상손실 판단, 보충건의		승인		담당		담당
병 인사관리	병 보직부여, 조정		승인		담당		
	병 특기변경 건의		승인		담당		
	병 진급 심의, 명령건의		승인		담당	확인	담당
	신상파악, 생활지도기록부 관리		확인		전담	확인	전담
	애로, 건의사항 수렴 및 조치		승인		담당	담당	담당
	가정통신문 발송		전담				
사기양양 및 군기 유지	휴가일정 작성, 관리	연가, 공가, 100일 휴가	승인		담당	확인	담당
		포상, 청원, 위로휴가	승인		담당	확인	담당
	외출 · 외박 대상 선정	성과제	승인		담당	확인	담당
		면회 시	승인		담당	담당	담당
		포상	승인		담당	담당	담당
	우편수발			확인	전담		
	종교 활동			확인	전담		
	경리 업무	병 봉급, 수당 등	확인		전담		
		중대 운영비	승인		담당		
		병 통장회수, 관리			전담		

주요업무	세부업무		중대 중대장	중대 부중대장	중대 행보관	소대 소대장	소대 부소대장
	복지활동	운동, 오락기재 관리			전담		
	복지활동	내무반, 복지·편의시설, 비품관리		확인	전담		전담
	포상	포상계획수립 및 시행	승인		담당	담당	담당
의무근무	위생관리(목욕, 세탁, 이발, 방역)				전담		전담
의무근무	건강관리(진료, 외진, 입실, 후송)			확인	전담	확인	전담
군기, 군법 및 질서유지	사고예방 교육		승인		담당	담당	담당
군기, 군법 및 질서유지	사고예방 활동		확인		전담		전담
군기, 군법 및 질서유지	보호·관심 병사관리		확인		전담	전담	
군기, 군법 및 질서유지	사고발생시 조치		승인		담당		
군기, 군법 및 질서유지	군기교육	군기교육 대상자 심의, 결정	확인		전담		
군기, 군법 및 질서유지	군기교육	건강상태확인, 교육입소		확인	점단	확인	점단
군기, 군법 및 질서유지	징계계획 수립 및 시행		승인		담당		
기타	내무생활	임무 분담제		확인	전담	확인	전담
기타	내무생활	내무부조리 척결(행동강령)	확인		전담	확인	전담
기타	내무생활	휴무·자유시간 보장	승인		담당		담당
기타	신고	각종신고(전출·입, 전역, 파견, 휴가)	전담				
기타	신고	휴가복귀		확인	전담		전담
기타	신고	외출·외박(출발, 복귀)			전담		전담
기타	전입병 동화교육 계획수림, 시행				전담		전담
기타	중대 관인 보관, 날인		확인		전담		
기타	부대일지, 행정서류 기록 및 관리		확인		전담		
기타	각종 행사(신고, 행사) 준비				전담		전담

6.3.2. 교훈업무(13건)

주요업무	세부업무	중대 중대장	중대 부중대장	중대 행보관	소대 소대장	소대 부소대장
부대훈련 계획수립 및 시행	주간훈련예정표 초안 작성	전담				
부대훈련 계획수립 및 시행	순환주기(월간)훈련계획	전담				
부대훈련 계획수립 및 시행	개인화기사격통제	전담	전담		전담	전담
부대훈련 계획수립 및 시행	병 훈련, 측정	확인			전담	전담
부대훈련 계획수립 및 시행	교육훈련지원		확인		전담	전담
성과분석	일일교육결산	전담			전담	전담

주요업무	세부업무		중대			소대	
			중대장	부중대장	행보관	소대장	부소대장
정신교육	기본 정훈		전담				
	시사 안보		전담				
	충 · 효 · 예 교육	충	확인	전담			
		효 · 예		확인	전담		
	문화활동			확인		전담	
	단결활동		전담				
	가치관 교육		전담				

6.3.3. 작전업무(5건)

주요 업무	세부업무	중대			소대	
		중대장	부중대장	행보관	소대장	부소대장
경계	경계근무 편성	확인		전담		
국지도발	전투대기 편성, 운용	확인	전담		담당	담당
전면전 대비	개인임무카드	승인	담당		전담	
	전투세부시행규칙	전담			전담	
	전투장비, 물자관리	확인		전담	확인	전담

6.3.4. 동원업무(5건)

주요 업무	세부업무	중대			소대	
		중대장	부중대장	행보관	소대장	부소대장
동원훈련	훈련물자 준비	승인		담당		
동원준비 태세유지	전시 완편 명부 작성	승인	담당		담당	
	동원간부 임무 수행철 작성	승인	담당			
	인도인접, 동원함 관리	확인		전담		
	치장물자, 장비 준비	확인		전담		

6.3.5. 정보업무(3건)

세부업무	중대			소대	
	중대장	부중대장	행보관	소대장	부소대장
전투지원태세 확인의 날 확인활동	확인		전담		전담
출타장병 보안교육(외출, 외박, 휴가)	확인		전담		전담
보조기억매체, 전산기, 상용 정보통신 장비 관리	확인	전담			

6.3.6. 군수업무(13건)

주요 업무	세부업무	중대			소대	
		중대장	부중대장	행보관	소대장	부소대장
장비, 보급	전입병 병기 수여식	전담				
	수시 재물조사, 결과 조치		확인	전담		전담
	보급품수불 확인, 감독		확인	전담		전담
	급양감독(취사단위부대)		확인	전담	확인	전담
	총기, 탄약일일결산	승인		담당	승인	담당
	손망실 처리	확인		전담	담당	담당
시설관품 관리리 유지	재해 · 재난대비 준비, 훈련	전담				
	월동, 월하준비		확인	전담	확인	전담
	시설물 점검 · 보수, 유지 ※ 전투시설물 관리 포함		확인	전담	담당	담당
	격별보수비 신청, 집행		확인	전담		
환경보전	재활용자원 분리수거, 재활용		확인	전담		전담
	오 · 폐수처리(장) 관리, 유지		확인	전담		전담
	자연 정화활동	확인		전담		

참고문헌

박찬석, 『부사관 정예화 방향에 대한』, 국회박찬석의원실, 2006, 『전투력 강화를 위한 부사관 제도 개선방안』, 국회박찬석의원실, 2005.

이봉식, 『육군부사관 우수자원 확보방안에 관한 연구』, 영남대학교 석사학위 논문, 2008.

유석조, 『소부대 부사관 역할에 대한 연구』, 원광대학교 석사학위 논문, 2011.

조종덕, 『육군 부사관제도 의 개선방향 연구』, 한남대학교 석사학위 논문, 2003.

정명복, 『우수부사관 획득을 위한 부사관 발전방향』, 영남이공대학, 논문, 2008.

정길호, 『정예부사관 인력관리 정책 발전방향』, 국방연구원, 2008.